逆袭

何权峰　著

青岛出版集团 | 青岛出版社

图书在版编目（CIP）数据

逆袭/何权峰著.—青岛：青岛出版社，2024.7
ISBN 978-7-5736-2245-7

Ⅰ.①逆… Ⅱ.①何… Ⅲ.①成功心理－通俗读物 Ⅳ.①B848.4-49

中国国家版本馆CIP数据核字（2024）第086308号

NIXI

书　　名　逆　袭
作　　者　何权峰
出版发行　青岛出版社（青岛市崂山区海尔路182号）
本社网址　http://www.qdpub.com
邮购电话　18613853563
责任编辑　李文峰
特约编辑　侯晓辉
校　　对　王子璠
装帧设计　蒋　晴
照　　排　梁　霞
印　　刷　唐山市铭诚印刷有限公司
出版日期　2024年7月第1版　2024年8月第2次印刷
开　　本　32开（880mm×1230mm）
印　　张　7
字　　数　112千
书　　号　ISBN 978-7-5736-2245-7
定　　价　39.80元

编校印装质量、盗版监督服务电话　4006532017　0532-68068050

自 序

人们每天的生活内容都差不多，做的事也大同小异，上班、上学、吃饭、睡觉、与人相处……然而，现在问题来了：如果大家都差不多，那么是什么让人变得不同？

做同样的工作，为什么有些人觉得舒心，有些人喊辛苦？

在同一个团体里，为什么有些人乐在其中，有些人痛苦万分？

陷入相同的困境里，为什么有些人懂得自救，有些人怨天尤人？

拥有相似的经历，为什么有些人将其视为一种磨炼，有些人故步自封？

从同一起点开始，为什么有些人能持续地进步，有些人只是原地踏步？

在同样的环境里，为什么有些人总能过得如鱼得水，有些人举步维艰？

人生的关键在于心态。什么是心态？它是一种由行为举止所展现出的内在感觉。心态会影响我们如何思考、待人处事。简言之，我们有什么样的心态，就会有什么样的状态。

一个抱有敷衍心态的人，他的表现就是草率马虎、应付了事；一个抱有消极心态的人，就会裹足不前、得过且过，总会和机会擦肩而过；一个抱有悲观心态的人，事态就会朝着他最不愿意看到的方向发展；一个抱有受害者心态的人，习惯把问题和错误归咎于别人，他的内心充满愤怒，最终成了名副其实的受害者。

转换心态其实是转变自己的念头。在乐观的人眼里，每个问题中都有机会，原来不可能做到的事也变成了可能。拥有积极心态的人，勇于挑战，对生活永远充满希望；拥有包容心态的人，不再轻易与人发生冲突，他的心胸越来越宽广；拥有知足感恩心态的人，内心充满真正的满足，能够随处感受到幸福。

有些人可能会怀疑:“面对困境、难过、低谷时,我们怎么能够保持好的心态?”“心态再怎么乐观,也没办法改变我们的处境。”虽然这两句话看起来有道理,但是我们想一想:带着生气、自怜、消极悲观的心态去处理事情,结果是好的还是更糟糕?

心理学家研究表明:拥有好心态,比拥有一百种智慧都更有力量。为什么说心态是关键呢?因为我们无法改变外在环境,无法改变别人,想要改变天生的条件也很困难,但我们可以改变自己的心态。

我们永远可以自由选择心态——选择哭或笑,消极或积极,报复或原谅,放弃或坚持,抗拒或接纳,抱怨或感恩……我们的心态决定了选择,选择决定了行为,行为成为习惯,习惯影响一生。

生命中的障碍、问题、冲突以及困境不可避免,如何回应全取决于自己。有人一路顺遂,生活优渥,却愁眉不展,成天唉声叹气;有人身处逆境,病痛缠身,仍乐观开朗、奋发向上。这是为什么?

关键在于心态。人生成败、苦乐均与心态有关。这就是心态的力量。

微笑是一种态度，生活是一种选择。一旦你转变了心态，你的人生也开始改变，实现逆袭。

名人的逆袭

王阳明

明代思想家、文学家、军事家、教育家、心学集大成者

人须在事上磨，方立得住。

让－雅克·卢梭

法国 18 世纪启蒙思想家、哲学家、教育家

逆境是一所完全自修自悟的大学。磨难，对于弱者是走向死亡的坟墓，而对于强者却是生发壮志的泥土。

拿破仑·波拿巴

法国军事家、政治家

最困难之时，就是离成功不远之日。

曾国藩

晚清政治军事人物、湘军首领

人遇逆境，无可奈何，而安之若命，是见识超群。然君子用以力学，借困衡为砥砺，不但顺受而已。

拉宾德拉纳特·泰戈尔

印度诗人、文学家、社会活动家

坚持自己的原则，以恒心攀登，以自强不息的精神进取，不被外力改变，不为浮华所迷，上进开创一片辉煌，体现出自己的逆袭精神。

梁启超

中国近代思想家、政治家、教育家、文学家

患难困苦，是磨炼人格之最高学校。

目录

第一章

你所相信的

第二章

你与人相处

第三章

你给人的感觉

第四章

你的心态

第五章

你经历的事

第六章

你怎么思考

第七章

你可以选择

第一章

你所相信的

你相信什么，未来的人生可能就会发生什么。

因为你一旦对一些事情深信不疑，又有谁能改变你的想法？

人生停滞不前，不是自己能力不够，而是不相信自己的能力。

相信自己“做得到”，就会坚持；认为自己“做不到”，则会很快放弃。

PART 1

第一节

信念的力量

如果你相信生命苦难重重，就会发现人生中有各种苦难；如果你相信生活是喜乐的，就会发现生活处处有惊喜；如果你相信人生充满不公平，就会发现现实生活中有无数不公平的事情；如果你相信努力不会白费，就会发现努力会有回报。

我的一位朋友常说自己肠胃虚弱，不能吃寒凉的食物。一次我到他家做客，见他吃了不少梨，随口问他：“梨是凉性食物，你怎么吃那么多？”没想到，我刚说完话，没过多久他就肚子不舒服。

信念的力量真的很强大。医界有很多人知道安慰剂效应，大部分的临床试验证明了病人因服用一些糖丸病情有所好转，因为他们相信医生，以为自己正在积极接受药物治疗。

信念，是一种自我实现的预言

如果你相信自己最近运气特别差，现实情况也许就会如此，可能会诸事不顺，因为你相信会那样；如果你认为自己不讨人喜欢，结果正如所料，你可能放不开，表现冷漠，靠近你的人也会觉得自讨没趣。你用一种消极观点、心态或者行为，验证了自我预言。

人们很少意识到这种倾向，大脑会自动在外在环境中寻找符合信念、能够证明“自己相信的果然没错”的信息。比如你进入一个团体前会这样想：这里的人都不好相处，他们都不欢迎我。当有这样的预期，你就会对团体内的人员产生怀疑。若谈话对象不太热情，你就会不由自主地觉察到；若对方打哈欠或者转换话题，你就会认为自己不受欢迎。

你看到的，只是你想看到的。如果你反过来这样想：这里的人看起来很友善，我想跟他们多认识。你敞开心胸，开始包容接纳，就会发现每个人都有可爱的一面。

掌控人生的，不是你的命运，而是你的信念

你可曾注意到，不善于与人相处的人，到哪里都会认为别人难以相处；善于与人相处的人，到哪里都会与人相处融洽？

你是否发现，好事总发生在自认为拥有好运气的人身上，不幸却一再降临到自认倒霉的人身上？

这是命运，还是自己造成的？

我们都认识一些生活不如意的人，如果你仔细听他们说话，就会知道其中的原因——他们老是自怨自艾：“我命不好，很倒霉，做什么都不顺……”或者“别人都不支持我、不重视我，老板吃定我、上天对我不公平……”一个人如果时常这样想，就算现况并不是真的很糟糕，最后也会过得悲惨。

命运其实就是一种信念。你相信什么，你在未来的人

生中就会发现什么。因为你一旦深信不疑，又有谁能改变你的想法呢？

你相信“今天我会过得很棒”，还是“今天会过得很糟”？

你相信“人生美好，充满着爱”，还是“人生悲惨，没人爱我”？

你相信“一切都会越来越好”，还是“绝对不会有好结果”？

别小看这不同句子的力量，它们会为你创造出不同的人生。

每次谈到命运的时候，我都要求学生写下一个句子：“我的人生是一道填空题！”大家自己填。

大家在空格里填上的，有相当一部分应验了。那些认为人生是由“希望”组成的，生命就会充满希望；那些相信人生是由“困难”组成的，人生就会变得困难。

看看现在的种种境遇，问问自己：“我有什么思想信念，才造成了现在的人生？”

第二节

看见，就可能会实现

最近我和一个刚离职的年轻人聊天，他说由于大环境不好，换工作太难了。他说小公司人手少，制度不够完善，人员分工不均，涨薪升迁难；大公司对专业的要求高，怕自己能力不够，达不到要求。他又想自己去创业，害怕资金不够，没有经验，知名度不高，无法吸引客人。他不知道自己该从什么地方开始。

“你一开始就认定自己不行，当然觉得做什么都难。”我提醒他，“既然事情还没发生，谁也不知道结果如何，你为什么不选择相信自己呢？”

相信是建立自信的关键。你只有先相信自己才有信心，有信心才有动力、有热情，让事情有实现的可能。当你坚信自己任何事都能办得到、都能做成功，才会带着对未来美好的憧憬，态度积极地面对困难，并且坚持到底。

有句话是这么说的："人们很难想象没有经历过的事情，只相信自己看见的事情，于是人生的可能性仅仅局限在自己的视野所及之处。"

成功者不同，他们除了都很坚持信念，还会相信未发生的事情。在这个世界上获得卓越成就的人，都是勇于做梦、勇于追逐的人。

你不需要相信眼睛所看到的，但你要"看到"你所相信的事

微软的比尔·盖茨与合伙人艾伦在个人电脑还没问世时，就梦想着"每户人家的每张桌子上都有一台电脑"。很多人把它当笑话，而今梦想变成事实。

iPhone（苹果公司系列手机产品）问世时，苹果创始人乔布斯相信："我们将要创造历史！"到今天，iPhone 的

活跃用户已经突破10亿大关，智能手机仍在持续改变着世界。

Google（谷歌公司）在刚成立时，举步维艰，两位创业伙伴付不出房租，房东好心建议用股票来扣抵房租，但他们始终不愿意，因为他们“看见”公司未来的价值，事后证明他们是对的。

贝索斯创立Amazon（亚马逊公司）时，相信自己将创办一个世界上最大的商务网站。当时网络泡沫即将破裂，而贝索斯坚持以低价扩大市场的战略，很多投资人和观察家认为这简直是离经叛道。如今，Amazon市值已创下新高。

“信仰是去相信我们所未看见的，而这种信仰的回报，是看见我们所相信的。”与其说“看见”是一种能力，不如说是一种信仰。在陷入困境、看不见未来的时候，我们仍然跨步前行，相信自己可以从谷底反弹；在最黑暗的时刻，我们仍然斗志昂扬，引领他人萌生信心跟着自己前进。这就是相信的力量。

所有外在的障碍都是来自内心的障碍

长久以来，人们认为4分钟内跑完1英里（约1609米）是不可能的事。当时的专家认为人类不可能达到这个极限，但罗杰·班尼斯特相信一定可以完成。当他破了这项纪录之后，发生了一个有趣的现象：许多选手很快相继打破了这项纪录。这说明什么？人们认为“不可能”的事，实际上是“可能”的；人们认为某件事是可以做到的，便有可能做到。

人生停滞不前，不是自己能力不够，而是不再相信自己。人相信自己“做得到”，就会坚持；认为自己“做不到”，则会很快放弃。

这些年你渴望的梦想没有实现，期待的生活没有发生，有没有想过可能是在你的内心深处，觉得自己不配得到，或是根本不相信它会发生？

你不需要相信眼睛所看到的，但是，你要“看到”你所相信的事。在种子里面，你无法看到大树，只要播下种子并持续灌溉，种子自然会把自己所需要的东西吸引到身边来。

你若想活出美好的人生，就要充满信心地看待生活：看见事业起飞，看见幸福美满，看见苦尽甘来，看见目标达成，看见新事物不断涌现，看见希望拥有的一切……如果你持续相信并为之努力，你的信念会带领你看见未来，你的努力一定会被看见，梦想有一天必会实现。

消极信念限制了你的创造力，阻碍了你去冒险挑战，让你的人生越走越窄。总有人这样说：

“从来没有人这样做过，你不要太冒险。”

“他不会接受，还是算了吧！”

“以目前的状况，这件事绝对不可能完成。”

“我看不出有什么可能性，不可能会成功的。”

既然不会有什么效果，你为什么还要去尝试?

我们被自己的信念困住，这多么讽刺！所以，你要做的就是弄清楚为什么要坚持这样的想法，既然我们所相信的会变成现实，为何不选择用积极的信念去面对一切?

第三节

你如何看待自己，影响你成为什么样的人

有所学校举办变装活动，有个小男孩儿把自己打扮成了老虎。一位女生走近他并拍了拍他，他攻击了女生，将她咬伤了。当老师阻止他时，他为自己辩解："老虎本来就应该这么做。"老师没收了小男孩儿的老虎服装，惩罚他一天不准出门。

我们琢磨一下小男孩儿的话，觉得他说得也没错。如果他真的是老虎，那么咬伤人是理所当然的事。然而，他并不是真的老虎，只不过是穿上老虎服装罢了。但是这并不重要，重点是他"认定"自己是只老虎。

就像这个小男孩儿一样，如果你认为自己是“英勇的”，就会表现得像一个英勇的人。你认为自己“很笨”，就会真的变得越来越笨；如果你告诉自己你是个“失败者”，那你无疑是在为自己的失败铺路，这个想法会启动“自毁程式”——你老是把事情搞砸，变得一无是处，自暴自弃。

请停止自我批评，开始赞美自己吧

你的自我观感如此重要，是因为你会依照你所自认的样子来表现。

国外有一位教师做了一个实验，私底下对班上长有蓝眼睛的学生说：“科学研究表明，蓝眼睛的孩子比咖啡色眼睛的孩子更聪明，这是一个很大的秘密，只有你们知道。”之后，她发现这些蓝眼睛学生学习的积极性提高了不少，他们的成绩也进步了，但更重要的发现是他们的行为也改变了，一些以前不守秩序的学生变成了好学生。过了几个星期，她又私下对咖啡色眼睛的学生说了同一番话，而结果也是一样，咖啡色眼睛的学生无论在成绩上还是行为上，都有明显的改善。

我们常常会被贴上标签，例如“你五音不全”“你手脚不协调”“你很笨”……虽然这些批评未必真实，但是我们照单全收，将这些评价变成自己的认知，给自己带来了限制。

一位同学在课堂上分享说：她在小学才艺课上表演跳舞，被几位同学嘲笑不会跳舞。从那时起，她一跳舞就开始紧张，觉得浑身不自在。她长大后常对别人说“我不想跳舞”或者“我不会跳舞”。不久前她参加有氧课程，下课后不少学员过来称赞她：“我不相信这是你第一堂舞蹈课，你跳得超棒！”然而，她仅仅因为一次被否定的经历，拒绝跳舞好多年。

请你停止自我批评，开始赞美自己吧！你不断否定自己，进行自我贬低，就会注定活在自责和自卑之中。你要多赞美自己，才能重建自尊，发挥自己的特质和潜能。不妨想一想：人们不断地责骂你或者鼓励你，你会表现得更好还是更差呢？

别人会以你看待自己的方式看待你

有位教师做了一个校园实验：

实验的第一天，这位教师要求学生穿日常的衣服，并记录自己的社交互动和心情感受。大约每隔 1 小时学生就简单写下自己有没有和其他人说话、有没有认识新朋友、当下感受如何（开心、无趣、难过、紧张等）。

第二天，这位教师做了一些调整，要求学生穿上特别设计的运动衫——颜色鲜艳，胸前的文字很有个性，写着“全校都爱我”“人气王就是我”——并记下自己当天的行为和心情，每小时记录 1 次。

这位教师回顾自己先前记录下的资料，把他的发现写成了报告。

学生们惊讶地发现自己穿着运动衫时，行为较之前改变竟然如此之大。他们更惊讶的是自己的行为给他人带来意料之外的反应。举例来说，害羞的学生接近了他们以前很想聊天的同学，谈话的时候他们觉得自己更有自信、更开心、更乐观。

平常与人不太亲近的学生，在穿运动衫那天不敢相信自己竟微笑了那么多次。更让他们惊讶的是，其他人也以微笑回应。突然间，他们觉得自己不那么孤独了。有些学生说，这是他们数周以来第一次走出宿舍，到校外热闹的街上与人接触。

平常在校园走动时总是低头看手机的学生，在那天抬起头，对从身旁经过的路人温和点头致意，路人也点头回应。学生说，感觉大家越来越像一个共同体，这种感觉非常强烈，甚至在上其他课程时，他们更踊跃地举手了。整体来说，每个学生都觉得自己仿佛变成了另一个人。

这个实验再次说明，你如何看待自己，在一定程度上决定你成为什么样的人。同时，别人也会以你看待自己的方式看待你。

一位青年向禅师求教："禅师，有人说我是天才，也有人骂我是笨蛋，依你看呢？"

"你是如何看待自己的？"禅师反问。

青年一脸茫然。

禅师继续说道："比如一斤米，在主妇眼中是几碗饭，在卖饼店家眼里是米饼，在酒商眼中又成了酒。米还是那个米。同样的，你还是你，有多大的出息，取决于你怎么看待自己。"

青年豁然开朗。

心理学家阿德勒曾被老师判定为"数学白痴"，直到某一天他解出一道数学难题，令大家大跌眼镜，接着他就变成"数学优等生"了。

第四节 你对自己说什么，决定你的表现

我们每天用到的对话有两种：一种是和别人对话，一种是和自己对话。后者与日常沟通时使用的言语有区别，是我们下意识浮现在脑海里的思考，也就是没有表现在外界的声音。

比如现在，我的脑海里有一个声音提醒我今天的行程、要回的电话、要做的新计划；另一个声音在抱怨昨天睡太晚，精神萎靡；还有个声音说我的写作速度太慢了，再不快一点儿，就过了截稿日期了。

研究显示，我们的脑海里一天可能有 5 万多个念头，

这些“对话”会严重地影响我们的生活品质。比如，当我一边写作，一边想着“我精神不济，没办法完成”，结果会怎样？我会反应迟钝，陷入焦虑状态中。

内在声音就像背景音乐一样，时刻在我们的耳边环绕。很不幸的是，因为我们常常接收这些想法，就会习惯这些批判的声音。久而久之，我们对这些声音已经毫无感觉，就像下面这位牛舍工头一样——

在一场大型家畜展开场之前，现场直播的新闻记者拦住牛舍工头，皱着鼻子，咧嘴说道：“天哪，你怎么受得了这种味道？”工头茫然地望着这位记者回答：“什么味道？”牛舍工头已经麻痹、习惯了。

开始观察内在的声音，改变自我对话

我们改变的首要步骤是学习从话语中觉察。审视自己经常自动生出的想法或者内在的声音，那是谁的声音？那些想法和信念并不是“与生俱来”的，所以它是从哪里来的？是父母、伴侣、亲戚、朋友、老师、老板的声音吗？还是别人对你说的话？你越深度觉察，就越能改变自己。

当你做得不够好或者觉得自己看起来状态不好时，倾听你与自己的对话，你对自己说了些什么？你说的话是否正确，可能带来什么影响？

值得庆幸的是，只要我们有意愿，就可以重新随时修改头脑里的程式。这里有一个很不错的例子：

我喜欢我的样子，喜欢人生快活的样子。

我很聪明，思维敏捷。

我做得真好。我很快乐。我很棒。

我喜欢跟大家在一起，对很多事情都有兴趣。

我相信自己的能力，也相信我的努力，最后一定会成功。

我们不难想象每天用这些话激励自己，它们带给我们的力量有多么大。如果在孩子小的时候，我们就将这些积极的语言融入他们的信念，他们将迎来多么广阔的未来？再想想那个无时无刻不在对我们说话的角色，如果角色就是自己，我们为什么不用积极的语言激励自己呢？

我曾经读过的一本书里谈到“我是”的力量。

我们说话时，在“我”字的后面说出什么，就会给人生带来什么。比如我们说“我好累”“我好担心”“我好沮丧”，就是把这些消极的语言导入生命之中。我们要改变做法，将自己想要的东西导入生命中，比如“我很重要”“我充满能量”“我一直都很优秀”等积极的语言，会给我们带来不一样的结果。

每天向自己重申对人生的期望，就像自己已经得到了一样，不断肯定地陈述它，最后我们渴望的东西可能就会降临。

第五节

唯有自己能决定自己的价值

每次有人问要如何提升自我价值，我总会反问他为什么觉得自己价值低？

你的自我价值是怎么来的，仔细想想，是否依据长相、收入、工作、名校、使用名牌、身居要职等外在条件？还是你认为大家都喜欢你、推崇你，你就是个高价值、很棒的人；若大家不喜欢你、不理你，你就价值低，觉得自己是个没用的人？

如果是这样的话，你的自我价值必定会起起落落、摇摆不定。你看不见自己的价值，就会转向外在寻找，寻找他人的认可和肯定，最后势必产生依赖性的价值感。你越在乎别人的眼光，越想得到别人的认可和肯定，就越会陷入一种恶性循环中。

我们以为只要有成就，价值感就会提升，其实刚好相反：许多成功人士充满自我怀疑，为了巩固自己值得存在、足够好的信念，就总是不停地向他人证明自己。同样地，有些人拼命想得到别人的爱，认为自己得到的爱不够多，其实内心深处是怀疑自己不够好，不值得爱。

如果你无法自我认同，外界给你再多的肯定也没用；觉得自己不值得被爱，即使被爱你也不会相信是真的。就像有些人没钱的时候觉得“我是因为太穷了没人爱”，结果赚到了钱，终于有人爱了，心里又怀疑：“对方到底是爱我还是爱我的钱呢？”

对一个没有自信的人来说，就算你夸奖他，他可能只会觉得你是为了安慰他，或是虚情假意。

我们如何看待自己，决定可以感受到多少爱

有位没自信的妻子，不断地缠着丈夫问：“你爱不爱我？”

丈夫或许因为羞涩，或许无心回答，一直默不作声。

妻子问得兴起，尽管丈夫不作答，仍然追问：“你爱不爱我吗？你到底爱不爱我……”

丈夫仍不作答，到了最后，她竟假戏真做，哭了起来：“你不回答，我就知道你不爱我了。”

丈夫也急了，忙道：“我怎么会不爱你呢？我若是不爱你，又怎么会娶你？”

没想到妻子哭得更伤心了：“你看，我就知道你不爱我了，你的两句话当中都有“不爱你”三个字……”

我们评价别人的行为，也正是我们自我价值的反映。依附别人给予自己价值，代表我们是一个没有价值的人。如果别人不给予我们价值，我们的价值是否荡然无存？

我常常收到读者来信说自己走不出失恋或者不健康的情感状态，明知道自己在这段关系里非常委屈，得不到尊重或爱，却无法离开。这位读者一次又一次地用委屈、牺牲来取悦或者讨好对方，爱也慢慢流失。这就是人没看清自己的价值导致的。

失恋令人心痛，但最为令人痛心的不是失去爱情，而是失去了自己。我们能看见自己的好，就不需要刻意讨好对方；懂得尊重自己，重视自己的感受，并在关系里维持对等，对方也会如此。因为终究是我们如何看待自己，决定了自己如何被对方对待以及感受到多少爱。

价值源自你的存在，而不在于你做了什么

想建立自我价值必须由内开始，由自我认同开始，不管你有多少缺点或者有多么不完美，这也是你独一无二的部分。去喜爱、去接纳自己的本来面目——“这就是我”，接受自己的缺陷，接受自己的胆小，接受自己反应慢。毫不隐瞒自己的一切，拥抱它们，你内心就会产生自信与力量。

想象一下，如果有一个人全然接纳、喜欢你的一切，这是否能让你的自信心大增，觉得自己有价值？

曾有人问：“像我这样的普通人，一事无成，怎么可能有价值？”

刚出生的婴儿什么都不会，只能躺着等着被喂食、洗澡、换尿布，他有什么价值？婴儿天真无邪、单纯可爱、

笑容灿烂，带给人快乐与希望，这就是他的价值。

你的存在本来就有价值，不在于你做了什么或者证明了什么。青菜有很高的营养价值，但未必获得人的青睐；兰花幽香，不会因为无人赞赏就不吐芬芳；人民币即使被弄脏，丢到垃圾桶里，它的价值依然不变；即使不起眼的泥土，也能长出花草树木，生出庄稼。

记住，任何人都可以给你评价，唯有你自己能决定自己的价值。

小孩子从小就有自我价值感。仔细观察小孩子，特别是当他们正在玩乐时，你会发现小孩子很单纯自在，不会想太多，不会扭捏或者不安，而且真诚无畏地表达自己、展现自己，一点儿也不会在意他人的眼光和评价。

我们要重新找回小孩子那种单纯自在的心——“这就是我，喜不喜欢随你”。这就是自信，也是我们自我价值的表现。

第二章

你与人相处

最好的爱情，引发他人最好的一面。

最好的教育，引发他人最好的一面。

最好的相处，引发他人最好的一面。

是的，只有爱能引发出爱，只有善良才能引发出善良。

只有信任能激发信任，只有欣赏别人的好才能让人变得更好。

第一节
不要把别人随口说出的话放在心上

"为什么别人总是不了解我，误解我？"

"为什么我明明这样说，别人却那样想，曲解我的意思？"

"我才不是这样的人！为什么他们都不懂我？"

其实这很正常，人的头顶上没有开天窗，我们远比自己想象的难以解读。例如，我因身体不适脸色不好，但别人不了解，以为我不高兴、不耐烦、故意摆脸色，这时误解就产生了。别人看到的只是我的表面。

首先，我不单有一种面相，即使在一天当中也呈现各种变化。比如在事情顺利、心情好的时候，我开朗健谈，对人体贴有耐心；当工作不顺、心情低落时，我就比较严肃，变得不耐烦而易怒。

其次，我在不同的场合与对象面前，也会展现出不同的样貌。我在读者面前满腹经纶，在学生面前幽默风趣，在陌生人面前内向拘谨，在朋友面前开朗健谈。同样的我，由不同的人做出判断，可能会得到不同的评价。

被狗吠的人，不一定是小偷

身为老师，当我给学生打分数，得高分的和不及格的学生会怎么形容我？他们对我的看法，谁比较正确？如果我让不及格的学生都及格，有人赞同，有人不赞同，我要听谁的？有人称赞我，有人批评我，我如何判断？

别人说的不一定是事实，我们看到的也不一定是事情的全貌。我们永远不要从别人口中了解一个人。

我读过一则故事：阳台上，有个女人想把前一天晾的衣服收回来，但不知道衣服晒干了没有。由于刚洗完手，手上沾了水，她无法用手试探衣服是否干了，于是用脸去触碰衣服。这时，楼下有个男人看到了这一幕，瞬间愣住了。因为他看到她在用鼻子闻一条男士内裤。她瞄到了他注视的目光，突然发现自己的脸贴着的是一条内裤，她好害羞。那天晚上，这个男人将此事告诉了自己的老婆："楼上有一个女人，专门喜欢闻她老公的内裤。今天下午，她正在闻的时候被我看到了。"

我们太容易就对一件事下定论，如果你看过电视连续剧就会知道，人们是如何"无中生有"的。眼见不一定为真，因为我们经常"看走眼"。人们都相信自己的想法，却没想到那也是"自己想出来的"。

不要把别人随口说的话重重地放在心上。当知道评价只是片面、主观的见解，你何必执着于别人的负面评价？当知道那些评论是不了解你的人只看到表面所说的话，你又何必"当真"？

你倒再多干净的水到烂泥中，水也不会变清澈

试试下面这个方法：在一张纸的一边，写下你所敬重的 3 个人的名字，然后在另一边写下你遭受到的负面评价，

自问："我所敬重的这些人会对我说这些话吗？"

再度遭到负面评价的时候，你想想这些评论来自何人以及你对他们的敬重度，就会发现这些评语对你没有多大意义。

尊重每个人都有的表达的权利。如同你与别人一起用餐，他说某些菜很难吃，你却认为还好，你会因此生气或有受辱的感觉吗？

在这个世界上，有人喜欢你，就一定有人讨厌你；有人赞同你，就会有人看不惯你。无论你做出多少努力，都不可能让所有人满意；无论你有多用心，总有人不了解你，不喜欢你，甚至胡乱造谣抹黑你。

面对"误解"，我们本能的反应是辩解。但你要记得，任何事刚好就好，"解释"也是。"知我者，谓我心忧；不知我者，谓我何求。"听过这段话吧，懂你的人，不用解释太多，他也会懂得；不懂你的人，解释再多也不会懂你，越解释越误会。

清者自清，浊者自浊。你倒再多干净的水到烂泥中，水也不会变清澈。多说无益的时候，也许你的沉默就是最好的回应。

记住一条人生守则：绝不要随着猪跳进泥坑，你只会弄得满身泥，猪则会乐在其中。如果你跟猪纠缠，自己也变成猪了。

别人的诬蔑与批评，跟泥巴没有什么两样。你的衣服被溅起的泥巴弄脏，如果急着抹去，你一定会搞得一团糟。若你将衣服晾到一边，专心做别的事，等泥巴干了，轻拍几下，它便很容易掉了。

第二节

沟通，是“听”出来的

人永远最关心自己。如果你仔细观察就会发现：人最关注的是自己，最爱谈论的也是自己。话刚起个头，有些人就开始滔滔不绝，聊自己的事，发表自己的见解，吹嘘自己的成就，丝毫不顾对方是否感兴趣，也没考虑对方的需求和感受。这就是为什么“听”比“说”更重要。

有一个著名的哲思问题：假如一棵树在森林里倒下时无人听见，它有没有发出声音？树倒了，会产生声波，除非有人感知到了，否则，就是没有声响。你的内心无人知晓，只在有人倾听时才被感知。

想要了解一个人，你得学会倾听那个人的心声；想要交知心朋友，你得学会倾听朋友的烦恼；想要学习新事物，你得学会倾听他人的见解。想打开耳朵，你应该先从“闭嘴”开始。一双愿意聆听的耳朵，远比一张爱说话的嘴巴更聪明，也更受欢迎。

大鼓敲得响，其心空洞

我想起一则故事：

某天上午，有位父亲邀他的儿子一同到林间漫步，他的儿子高兴地答应了。父子俩在一个弯道处停了下来。在短暂的沉默之后，父亲问儿子：“除了小鸟的歌声，你还听到了什么声音？”

儿子蹲在地上侧耳倾听，好一会儿才回答：“我听到了马车的声音。”

父亲说：“对，那是一辆空马车。”

儿子惊奇地问父亲：“我们又没看见，您怎么知道那是一辆空马车？”

父亲答道：“我从声音就能轻易地分辨出是不是空马

车，因为马车越空噪声越大。”

大鼓敲得响，其心空洞。所以智者一再告诫我们要多听少说。少说，避免暴露自己的无知，减少说错话的次数。多听，可以借此反省自身的不足，提醒自己别犯同样的错误。

这是否意味着我们该保持沉默呢？当然不是。人际沟通是一种动态的双向互动，听的时候要眼神相会，还要适时给出回应，这样别人就会觉得你是真的对他的话题有兴趣，然后侃侃而谈起来。

更积极的做法，你可以提出别人会乐于回答的问题，比如“你最喜欢什么休闲活动”“你有什么嗜好可以分享吗？”“真有趣！能多说一点儿吗？”，以这样的问题来鼓励别人谈论自己。

当你得知某同事很喜欢多肉植物时，你可以问问他多肉植物是哪个品种，要怎么照料。如果你和对方聊他感兴趣的事情，对方也能感觉得到你真的很感兴趣，很认真地在听他说话，那么对方就会觉得与你好相处、合得来。

只有真正关心他人，才能赢得他人的注意

国外教育界有句知名口号："除非学生知道我们在乎他们，否则他们不会在乎我们懂得什么。"人际关系学大师戴尔·卡耐基也说："要别人做事的唯一方法，就是把他想要的东西给他。"这观点放之四海皆准。如果我们想交到朋友，有效沟通，改变别人，最重要的就是先了解他想要什么。

有一回，国外作家爱默生和儿子想把一头小牛赶进谷仓里，爱默生用力推，儿子用力拉，但那头小牛拒绝前进，不肯离开草地。此时，有个妇女经过，把手指头放进小牛的嘴里，一边让它吸吮，一边轻轻地推它，就轻松地将小牛引进谷仓里。

帮助别人获得他们想要的东西，你才能获得自己想要的东西。是的，把注意力放在别人身上，你就走向了对的方向。要赢得好人缘，你就多谈论别人感兴趣的事；要别人听你的，请你先听别人的。把对方当成最重要且唯一要关注的人，对方也会开始重视你、关注你。

为什么对方不愿意沟通，难沟通？为何别人都不听你说话？

其实这要问你自己："我是想要说道理，让对方听我的话，想要改变对方吗？"如果你沟通的目的在于想"说"而并非想"听"，当然说话没人听。

沟通不是"说"出来，而是"听"出来的。不管你说得多好，多有道理，多能言善辩，若无法让人感兴趣、感到被重视，一切都是白费力气。

沟通，不是为了改变别人，而是为了了解对方。当对方觉得被了解，沟通之门就打开了。不要只顾着说自己，别人就会想听你的。

第三节

与人相处的秘诀

有位母亲正在和儿子谈论他的女朋友。母亲问："她为什么那么喜欢你？"

"那很简单，"儿子回答，"她认为我英俊、能干、聪明、风趣。"

"那你为什么那么喜欢她呢？"

"我就是喜欢她说我英俊、能干、聪明、风趣。"

我们很容易喜欢上对自己有好感的人。你有没有注意到：小狗是如何成为人类的好朋友的？它只是对着人摇摇尾巴，钻进人的怀抱里，就俘获了人心。

被吉尼斯世界纪录认可的“世界第一销售员”乔·吉拉德说，他的成功秘诀就是让顾客喜欢他。他每个月寄给顾客一张小卡片，卡片上头他只写一句话：“我喜欢你。”

事情就这么简单。虽然这听起来有点儿假，大家也不是那么好骗，但它使我们了解人性的一个重要真相：人都喜欢受人恭维、喜爱。当我们对某人表现得越有好感，他就越容易对我们产生好感。

别人如何看待我们，深深影响我们的表现

有位雇主想聘用一位女佣，便打电话向女佣的前任雇主询问了一些情况，得到的评语却是贬多于褒。女佣到任的那天，这位雇主说：“我打电话请教了你的前任雇主，他说你为人老实可靠，而且会煮一手好菜，唯一的缺点就是整理家务比较外行，我想他的话并非完全可信，相信你一定会把家里整理得井然有序。”

事实证明她们果然相处得很愉快，女佣真的把家里打扫得干干净净，而且工作非常勤奋。

别人如何看待我们，深深影响我们的表现。你没发现吗？当有人称赞你的时候，你会表现得特别好，为什么？因为别人觉得你很好，而你又不想让别人失望，对吗？相反，别人只看到你的缺点，批评、指责你，则会让你的表现更差。

曾有人问钢铁大王安德鲁·卡耐基："我们如何与有缺点的人相处？"

安德鲁·卡耐基回答："很简单，只需盯住他们的优点，并努力忘却他们的缺点。"

"难道你对缺点要视而不见吗？"此人不解。

"与人相处，就像是挖金子。如果你想要挖出 1 克金子，就要挖出 1 吨的沙子。可是你在挖掘的时候，关注的焦点是什么？你只是想得到 1 克的金子，并不想要那 1 吨沙子，但你不能嫌弃这些沙子，因为金子就藏在其中。"

学会欣赏别人，由衷赞美别人，悦人又利己

有时，你看不到别人的好，并不是他们一无是处，而是你没学会欣赏别人的好。

你喜欢别人，别人自然会喜欢你；你欣赏别人美好的

一面，他人也会发现你的美好。时常赞美别人的人，必有更值得赞美之处。这就是人际交往的秘诀。

我们应该真心地赞美身旁的人，不要总是对人的过错旧调重弹，多说说他们的优点，感谢他们默默在做的事、帮的忙，肯定对方的价值和潜能。这样一来，我们将大受欢迎，悦人又利己。

第四节

尊重别人，就像你希望他们尊重你

世上只有你是对的，跟你观点不同的人一定有问题，因此，所有人必须按照你的喜好，符合你的要求，像你一样思考和行为才是正确的，这样对吗？

这世上每个人都不一样，每个人都有不同的想法和做法，喜好也不同，即使是双胞胎，都有其差异之处。认清这一点之后，你就会明白上述想法有多荒谬。

人与人之间需要相互尊重。什么是尊重？简单地说：他是什么样的人，你就照他原本的样子接纳他；不论你喜欢或者不喜欢，不把自己的喜好和期待强加在别人身上，不做违背别人意愿的事；即使你不同意，持不同的看法或意见，也不抨击或者尝试改变他人。这就是尊重。

我妻子喜欢到公园散步，做事慢条斯理。我喜欢到操场跑步，做事讲效率又性急。过往，我一直说服妻子跟我一起去跑步，她却没什么兴趣。都要出门了她还拖拖拉拉，常被我催促，这也造成了我们之间的芥蒂。

后来我明白了，问题出在我身上。她只是表面答应，心里百般不愿意。我并没有尊重她的自由意愿。

当你不再控制他人时，情绪也不再被他的行为所控制

你若想要做到尊重他人，应该从同理心开始。上一次有人试图强迫你时，你还记得那种感受吗？现在，如果你也做同样的事情，别人心里会是什么感觉？

我们试着站在对方的位置，从对方的角度看待事情，常反躬自省：

“我喜欢的东西，别人就必须喜欢吗？”

“我认为应该怎样，别人就应该这样吗？”

“我付出的真的是对方需要的吗？”

“如果别人这样对我，我会感觉如何？”

尊重一个人，就是他喜欢什么，你就给他什么，不是你喜欢什么，却不问对方喜不喜欢，硬要给他。最常见的例子，我们爱上了一个人，就希望对方按照自己的方向走，把自己的想法加诸对方身上，或是没经过对方的同意，擅自决定关于他的事情，并扣上“我都是为你好”的大帽子；当对方不领受这份情，你原本的善意也成了他的负担，甚至转化成冲突。

同样的问题在两性关系上也屡见不鲜。我看过太多的人在两性关系中怨恨、纠结，其实有时候并不是别人不对，而是对方和我们想法不同，处不来只是处事方法不同，口角争执只是意见不同，个性不合只是性格不同。我们要明白，双方不同不等于不和，无法尊重包容，才是问题的根源。

一位读者和我分享，她在参加过一门心理咨询的课程之后，整个人豁然开朗。每当她开始觉得先生“应该怎样才对”的时候，立刻提醒自己放下那种想法，只是很单纯地去接受对方。她说：“现在我们不再怒目相向……那种松一口气的感觉真好。”

这就对了，当你不再控制他人时，你的情绪也不再被他人的行为所控制。

尊重别人，其实是在尊重自己

在人际关系中感到无所适从的时候，你应该选择顺其本性。毕竟，一个人的性格不是一天形成的。一个人的习惯，是在他成为你的伙伴前就已经存在的。每个人之所以是这个样子，都有其各自独特的生命经历和背景，我们怎能不尊重呢？

音乐家鲍勃·迪伦有句名言：“站在你的立场，你是对的；站在我的立场，我是对的。”不要有这种“不是我的方式，就是错误的方式”的想法，别人可以是不一样的，你不需要认同或者喜欢，但是你至少能够了解。当了解别人是怎么看待事情，你就会怀着善意与尊重理解对方。

就像你希望别人尊重你一样，别人也有相同的需要。如果你不喜欢别人限制你，那么就别去限制别人；如果你不想别人批判你，那么就别批判别人；如果你希望别人尊重你的意愿，就不要违背他的意愿，他也会尊重你。

尊重别人，其实是在尊重自己。

即使你想违反他人意愿，他也会依照自己的意愿。

对方不会因为你说了什么而变成你希望他成为的样子。他会根据自己的想法和喜好去做，而不会事事听从你。

就像喜欢吃辣的人，不会因为其他人的不理解、不认同、不喜欢，就不吃辣。同样，你也无法强迫不喜欢吃辣的人变得爱吃辣。

第五节

有些所谓的朋友，并不是真正的朋友

“我们能认识很多人，这样很好，但是，数量再多，也不如有几个很好的知己。”年纪渐长的我，慢慢体会到交友要更看重质量。因为人的时间和精力是有限的，当然要把这些花在一些值得交往的人身上。

哪种朋友值得交往？只要回想一下，你与这个人相处有什么感觉，你是否变得更正能量、善良、乐观、向上？你和他在一起是否如沐春风、心情愉悦？或者，情况恰好相反，这人是否常给你带来负能量，增长了你的愤怒，让你感到忐忑不安、疲惫不已？

一个人的生活会受到朋友的影响，连思想也会。你的朋友乐观积极，你的生活态度、为人处世也会变得乐观积极；你的朋友怀抱梦想，你会被激发梦想；你的朋友都很优秀，你耳濡目染，也会变得优秀。同样，如果你与负面的人交朋友，会和他们一样开始负面思考；与斤斤计较的人交往，你会变得锱铢必较；和爱搬弄是非的人在一起，你就会是非不断；和品行不端的人待在一起久了，潜移默化，你也会越来越差。

交什么样的朋友，你将成为什么样的人

有句话说："跟着蜜蜂会找到花园，跟着苍蝇会找到垃圾堆。"交什么样的朋友，你将成为什么样的人。所以，人必须时常审视自己的交友圈，如果你发现并不喜欢这样的自己，可以开始思考一下"断舍离"。以下 5 种类型的人建议还是少往来。

一、重利轻义的人。你要小心那些只会利用别人的人。朋友间相互帮忙并没有错，一方只想一味索取、从不付出就不对。有些朋友每次有困难的时候都找你帮忙，在你失

意落难时他们就玩失踪。

二、散播负能量的人。有些人总爱批评他人、愤世嫉俗，内心充满了傲慢、偏见、算计、愤怒，和这样的人在一起会搅乱你的心情，给你带来负能量。

三、表里不一的人。有些人当面一套背后一套；人前热情相待，背后放冷枪；表面上阿谀奉承，背后到处说坏话、挑拨离间，甚至造谣抹黑，扯人后腿。难保这样的人以后不会这样对待你。

四、心胸狭窄的人。有些人心眼小、忌妒心强，见不得人家好。这种人性格争强好胜，爱小题大做，一点儿小事情都计较，报复心强。若你得罪了这种人，他们绝不会善罢甘休。

五、友谊勒索的人。这种人常打“感情牌”，用要求、威胁、施压等手段，让人自责内疚。例如他会威胁你：“如果你不帮我，就不够朋友”“不喝完这杯酒就不是朋友”“如果你不那样做，我们就此恩断义绝”等，强迫你配合，让你变成人质。

人无绝交，就无至交

人一辈子认识的人成千上万，但能陪我们一直走下去的，往往只有几个人，人生就是一个不断筛选朋友的过程。合则聚，不合则散。不适合的关系，不是你拥有他们，而是他们占有你。你没必要以牺牲、委屈来维持一段关系；不必因为一句“我们是朋友”，就一味忍受。

你们认识很久，又如何？就因为认识久了，你才看清一个人。你不是要费心让讨厌你的人对你改观，而是明白他再也与你无关。你与他多相处一刻都是在消耗自己。

人无绝交，就无至交。你与其花费大量的时间去迎合他人，不如将时间花在对的人、合得来的人身上。“珍惜”珍惜你的人，“在意”在意你的人，你可以交一些可以一起谈心、相处起来舒服轻松的朋友，认识一些一起成长的伙伴，把时间留给真正重要、值得用心交往的人，你会更喜欢这样的自己。

好好珍惜这样的朋友，是他让你成为更好的自己。

遭遇困难的时候，你想求助谁?

感到伤心的时候，你想对谁诉说?

感到欢喜的时候，你想跟谁分享?

这就是真正的朋友。

真正的朋友，不会把友谊挂在嘴上，但一定放在心里。

真正的朋友，每次见面都令你开心，离开时给予你能量。

真正的朋友，堕落时拉你一把，在你低谷时不离不弃。

真正的朋友，你难过，给你安慰；你成功，替你高兴。

现在，你的心中是否浮现出

“真正的朋友”的面孔?

第三章
你给人的感觉

别人不在乎你的需求，因为你从不说出自己要什么。

守住自己的界限，立场坚定，别人才会认真地看待你。

肯认错道歉，不会贬损自尊，你还会赢得肯定与敬佩。

向别人表达善意，是邀请别人用同样的友善对待自己。

让这个世界灿烂的不是阳光，而是你的微笑。

即使口罩遮住了脸，你也不要失去脸上的笑容。

PART 3

第一节

做人要有原则，善良要有底线

你是否一直在忍耐某件事？你是否常勉强自己去配合别人？你是否表面上同意，心底却充满怨言？你是否心里百般不愿，却无法说“不”？

如果是这样的话，你就要注意了。

你或许是无法肯定自己，所以用“讨好”“顺从”的方式对待他人，但当别人的肯定成为必需品，你处处去迎合，反而否定了自己。

你或许是担心别人失望、怕伤害别人、怕让人觉得你自私、怕自己过意不去、怕破坏彼此的关系，把时间花在患得患失上，你就无法照顾好自己的需求。日子久了，你就会疲惫不堪。

你或许以为只要能和善待人，委曲求全，所有的事情就都能解决。可惜，结果并非总是你认为的那样。你太过迁就，有人就会软土深掘；越是忍让，有人就越得寸进尺。你若想两边讨好，往往里外不是人。你凡事配合，就被视为理所当然。

好篱笆，成就好邻居

有时候，看见善良的人被欺负，我会义愤填膺，出头理论，得到的回答都是："没有啊，如果真的不想做，他也可以拒绝啊！是他自己说没问题，所以我才会一直请他做……" 我还能说什么呢？

你想要停止这种恶性循环，就设下自己的界限——哪些事可以做，哪些事不能做；什么可以接受，什么不能忍受。你让对方知道你的个性、习惯、原则，彼此的应对进退才有依据与规则。

为了完成计划，避免受到干扰而分心，我几乎不看手机，不接电话，更少主动打电话给别人。朋友一开始曾质疑、抱怨我的做法，时间久了也习以为常。

再比如，每隔一阵子，我都要恭敬地回绝许多采访、演讲的邀约。这些人当中，包括非常关照我且认识很久及交情很好的朋友。幸好我早有原则，那就是“一律拒绝”，所以每次都能毫不犹豫地拒绝。

“好篱笆，成就好邻居。”当界限清楚时，你拒绝别人，人们就知道了你的原则，那么别人以后有事找上你的时候，你若说“不”，他们也不会生气或为难，因为他们知道“你就是这样”；当界限模糊时，对方会对你不解与惊诧，“明明你之前都可以”“以前没关系的，你现在怎么回事”，你们的关系就会出现裂痕。

当你坚守界限时，接下来便可能受到考验，不断被测试，而一个人的原则会在这个时刻显现出来。对方可能会生气，试图让你有罪恶感，甚至会变得不喜欢你而远离。这是不可避免的。因为我们无法控制对方的想法与情绪，也无法持续取悦对方。

让你为难的人，本身也不见得有多在乎你，因为他心里只有自己。你的退让，通常伴随而来的不是更多的尊重，而是自己越来越多的妥协。

你是在拒绝这件“事”，不是否定这个“人”

孟子说：“人有不为也，而后可以有为。”就是说，一个人要想有所作为，就必须知道哪些事不可以做。想一想，你总在对他人说“好”后，自己花很多时间去懊悔，若一开始你就说“不”，这些困扰是否就不存在了？

做任何事都要倾听自己的内心：“这是我想做的事吗？我做了以后会有什么感觉？”如果你觉得愉悦，那么就尽管去做；如果你勉为其难，早晚会心生怨怼。请你把这当准则。敢于拒绝，反而有助于你和他人的长期关系。换成是你，你会希望对方是前者，还是后者？很多时候，换个角度想，你的心态、行为就会不一样。

大部分的人欣赏坦白、有原则的人，这样的人让人感觉更可靠、好相处，因为当某人把话当面说清楚了，就不太可能在背后嚼舌根。知道了对方的感受和想法，你就不必小心翼翼，也不必去伪装猜疑。

心口一致，实话实说，对双方都好。你要记住，拒绝不是断绝。你是在拒绝这件“事”，不是否定这个“人”。你话语要温和婉转，不伤和气，因为没有人喜欢被拒绝。而被别人拒绝一定要大度，因为拒绝你的人总有他的理由，不要强人所难。

做人有原则，善良有底线，别人才会真正地尊重你。

守住自己的界限，立场坚定，别人才会认真地看待你。

当你对违反自己的本性的事说“不”，其实是你对真实的自我说“好”。

当你对迎合别人的要求说“不”，其实是你对肯定的自我说“好”。

当你对放弃自己的原则说“不”，其实是你对尊重的自我说“好”。

你可以说“不”，也尊重别人对你说“不”，这样事情不是就简单多了吗？

第二节

说出感受和需求，让对方更懂你

大部分人对于感觉是害怕的。因为人的教养的一部分就是要含蓄，不流露自己的感觉。担心自己清楚地表达感受会让人不自在、有压力，给别人带来麻烦，自己会觉得不好意思；或者怕自己说出来得罪人，破坏气氛，可能会让对方生气，给彼此带来冲突，只好把感受压抑在心里。

感到不满，你不敢说；有想法，你不敢说；生气了，你不敢说。你不说出来，不等于没有情绪，一天天将负面情绪郁积在心里，你和对方的嫌隙也日渐加深，等到你的情绪达到临界点，最后会爆发出来。

我们什么都不讲，只会在一旁生闷气，却常常希望别人猜中自己的情绪。我们常假定对方“理当知道”，应该知道我们在想什么，应该知道他自己该怎么做，就像指望对方会“读心术”。

你的感受和需求都是自己的事。你觉得不开心，有很多不满；但对方可能觉得这件事并没问题，也真的不知道你不满。当对方不了解你的感受，自然没办法猜出你的需求。你生气，表面上是你在气对方，其实你是气自己闷着不说。

别人不在乎你的需求，因为你从不说出自己需要的是什么

我想起一段对话：

一位智者来到一位朋友家中做客，对窗户投以惊奇的一眼，窗帘是拉下来的，朋友问他为什么惊讶，他说：“如果你想要别人看进来，为什么还需要窗帘？而如果你不让他们看，为什么还需要窗户？”

“你觉得应该怎么样？”朋友问。

智者说："想让别人看进来，你就把窗帘拉开。"

窗帘代表着一种自我保护、对内在的掩饰，也阻碍了彼此交流。你把窗帘拉开，学着敞开心扉，才能建立真挚的情谊，自在地与人往来。

如果你曾经出国旅行、工作、留学，就知道沟通不良会让人有多紧张、多有压力，有时连最基本的聊天、问路或餐厅点菜都会使人倍感挫折、焦虑。如果你有这种经验的话，就会知道：一旦双方了解彼此的意思，你的心里就会立刻感受到放松、愉快。

我观察了许多人，他们很害怕主动和别人开启话题，也不表达意见。久而久之，人们就会忘记这些人的存在，也不再搭理他们了。这些人心里会觉得自己被冷落而与别人产生隔阂。

同样，当你怪别人不重视你、冷落你的时候，你自己也有责任。如果你总是顺应别人，不说出自己的想法，久而久之，别人也会忽略你。如果连你都不重视自己的感受，那别人就更不会把你当一回事儿。

以表达感受代替情绪用语

许多人常担忧："表达我的需求，会不会显得自私？""如果说出了我的感受，对方不高兴、讨厌我……怎么办？"

照顾与满足自己的需求不是自私，要求他人满足自己的需求与期待才是。"表达"是让对方明白你的感受，而不是要对方为你的感受负责，或借此指控、攻击对方。

建议大家避免使用"你"，而改用"我"作为句子的开头。举个例子，你答应别人的事，却爽约了，对方可能有两种陈述方式，第一种："你说话不算话，言而无信。"第二种："我感到失望，因为你答应我的事并没有完成。"这两种陈述有什么差别呢？你听到第一种陈述会火冒三丈，虽然对方证据确凿；面对第二种陈述，你却没有理由反驳。

以"你……"为形式的陈述常具有指控意味，让人听了很反感，"你就是会骗人""你没时间观念""你一天到晚只会吹牛""你从来没有……"或是"你总是……"，接着，可能开始互相指责、埋怨、辱骂对方，最后双方不欢而散。

相形之下，以"我……"的形式陈述，不带有批判意味，仅是把自己的感受告诉对方："我感到不受尊重，因为你都没告诉我。""我感到难过，因为感受不到你关心我。""我觉得受伤、害怕、开心、气愤……"当对方体会到你的感受时，你就更能激发对方的同理心，沟通相处就容易得多。你可以试试。

对方为什么不理解我的想法？对方为什么不按照我希望的去做？

遇到关系问题时，如果你从这种心态出发，不但解决不了问题，还会制造更多争端。从现在起，放弃“他应该理解我”的假设，他不理解你，你反过来设想：“我理解他吗？”

为什么他会这样做？他的想法是什么？是哪些方面让他产生误解？

我是否说出了自己的需求与感受？对方是否真的了解？

让双方更懂彼此，就是美好关系的开始。

第三节

礼貌，是最好的介绍信

我们小时候常听妈妈说，见到人要打招呼、和别人讲话时要看着对方、麻烦人要加个“请”字、别人给你帮忙要说“谢谢”……如果不懂得基本的礼貌，你会被说没家教。

这让我觉得礼貌是为了外界观感，是刻意做给别人看的事情。一开始就很别扭，并不是心甘情愿地做，而且我们不知道到底为什么要有礼貌。

“我们为什么要主动打招呼？”孩子曾问我。

我告诉他：“如果你走在路上，认识的人看到你，却不向你打招呼，连一句问候都不说，就当不认识那样走过去，你感觉如何？你会不开心吗？”他点头说：“一定会！”

“那你要跟他一样吗？”

礼貌是人与人之间的尊重，不是教条或者表面形式。与人打招呼问好，表示我们把对方放在眼里，对人带着善意与敬意；对人说“请”和“谢谢”，表示我们对他人尊重以及肯定他人为我们做的事。反过来，一个高傲自负的人，不尊重别人，肯定不会对人有礼貌。这样的人目中无人，必定粗暴无礼。

不是因为他不优秀，而是因为他不懂礼貌

“礼貌”是一种外在的行为，源头发自内心。如果你在家中尊敬父母，出外对人自然有礼，如果在外对人没礼貌，在家的表现也能略知一二。它是看人、用人，判别人品，“见微知著”的线索。

“在选用员工时，我只看他们的礼貌和一些小细节。”一位经营餐厅多年的朋友阅人无数，他是这么说的，“人性

格上的缺陷是可以伪装的，但是，礼貌一眼就可以看出来，瞒也瞒不了。”

有人或许不同意，礼貌差未必人品不好。但谁又知道呢？站在雇主的立场来看：“礼貌就是你给人的印象，你给客户的感觉。”“我可以教你技能，没办法教你教养。”

有一次，我正在面试一名求职者，我的助理端了咖啡进来。我谢谢助理帮我们送咖啡，但这名求职者只看了助理一眼，又继续跟我说话。尽管他的学历、经验都不错，但我还是决定不录用这个人。

不是因为他不优秀，而是因为他不懂礼貌。孔子说，一个人若是没有爱人的仁德之心，就算把礼学得很好，又有什么用呢？知书未必就能达礼，一个人若无法发自内心地尊重别人，他所表现的礼仪就只是表面功夫。

礼貌不花什么钱，获益却难以估计

以礼待人，简单地说就是把别人放在心上。

礼貌应该内化，你要随时注意他人的存在与感受。当你注意到服务员很辛苦、服务员在帮你服务时，你会心生感激，这样的礼貌是自然而然的，而只对有社会地位、与自己有利益关系的人才以礼相待，那不过是虚有其表罢了。

礼貌，应该从心出发，将心比心。如果你想跟餐厅服务生要一杯水，你说“给我倒一杯水！”，会让对方感觉态度很差。这不需要礼仪专家教导，他又不是你的保姆。然而，如果你改口说“请你帮我倒一杯水好吗？”，相信对方会乐意多了。

无论别人给予我们的帮助是多么微不足道，我们都应该诚恳地说声“谢谢”。邀请朋友来家里的时候，我们会热情招待；去别人家里的时候，为了感谢对方，我们会带礼物过去，这就是礼尚往来。当我们向别人表达善意，其实是希望别人用同样友善的态度对待我们。

曾掀起讨论风潮的《优秀是教出来的：创造教育奇迹的 55 个细节》一书的作者罗恩 · 克拉克，最为人称道的是：被他教过的学生成绩一定会突飞猛进，也变得彬彬有礼。

罗恩 · 克拉克的 55 个细节中，第一个细节是“与大人应对，要有礼貌、有分寸”；第二个细节是“与人互动，眼睛要看着对方的眼睛”；第三个是“别人有好表现，要替他高兴”……

以上内容不都是基本礼仪，不都是一些很简单的事情吗？请问有多少人能切实做到？

正所谓：有“礼”走遍天下。礼貌是我们最好的介绍信，最广受欢迎的通行证。礼貌不花什么钱，获益却难以估计。

第四节

用微笑应对生活，不管一切如何

有一对衣衫破旧的母子到了一处风景区游玩，虽然他们没有钱，但是玩得非常开心。这对母子走到整个风景区最美丽的地方，看到一位摄影师在帮人拍纪念照。

小男孩儿拉着妈妈的手说：“我们去拍一张照片好不好？”

母亲说：“不要啦！我们穿得这么破。”

小男孩儿说：“妈妈，那有什么关系，我还是会微笑的。”

“用微笑应对生活，不管一切如何！”我特别喜欢这句话。人生烦恼何其多，何必抱怨、不开心地生活呢？

先笑了，就会有开心的事发生

法国一位作家说：“有一种东西，比我们的面貌更像我们，那便是我们的表情；还有另一种东西，比表情更像我们，那便是我们的微笑。”微笑，不仅是一种表情，也代表一种心态，更是面对生活最好的样子。

微笑是转换心情最快的方法。科学早已验证，只要露出微笑，大脑就会分泌“快乐激素”，内心涌起一股暖意让你整个人放松，心情也会变得愉悦。微笑不仅激发美好的感觉，还会感染他人。

微笑是最好的见面礼。陌生的环境，你把微笑当作开场白，会立刻拉近与人之间的距离。随便举个例子：如果你路过两家商店，一家的店员对你板着脸，一家的店员对你微笑，你会对哪个店员比较有好感？你会光顾哪一家商店？

微笑是最美的面容，最便宜的美容，是绽放在脸上最自信的光芒。你笑容越多，在群体中会越受欢迎，越有吸引力。

微笑可以消除人与人之间的隔阂。双方意见不合，一个微笑，就能化解冲突；双方之间有了芥蒂，一个微笑，芥蒂就能烟消云散。受到批评攻击，以微笑回应，显露你的豁达气度；面对粗鲁无礼的人，你能保持微笑，谁对谁错，不辩自明。

微笑是面对人生的一种豁达态度。当生活不顺时，给自己一个微笑，学会转念，让自己的心变得更宽广；遭遇挫折时，一个鼓励的微笑，可以让人勇敢坚持；停滞不前时，给自己一个自信的微笑，你会找回前进的力量；前途渺茫、日子灰暗无光时，依然保持微笑，你会发现明天依旧艳阳高照。

即使口罩遮住了脸，也别忘了微笑

你或许会问："心情不好怎么笑得出来？"

你先微笑，才会有开心的感觉；先笑了，就会有开心的事发生。你看幸福快乐的人是愁眉苦脸的吗？

让这个世界灿烂的不是阳光，而是你的微笑；带给人希望的不是眉头紧锁，而是开怀大笑。快乐在等你微笑。生活再苦再累，你也别忘了笑。即使口罩遮住了脸，都不要失去脸上的笑容。

有位重症病人得知自己病情恶化，回到病房后并没有大哭，竟然跟病友谈笑风生。

病房的护士觉得这个人在这种情况下还有说有笑，似乎不合时宜，便问她：“这种情况下，你怎么还笑得出来？”

她说：“微笑是我唯一能够给予的东西了。”

即使什么都没有，你还可以给出你的笑容。

你有多久没有发自内心地笑了？下面我为大家提供3种简单练习微笑的方法：

一、你先在心里默想，最近有哪些发生在自己身上的幸运的、有趣的、值得感激的事，一个愉悦的微笑便自然展露。

二、在皮包或手机里放一张让你看了开心的照片，比如小孩儿、宠物、搞笑的照片，你会心一笑，心情就变得开朗。

三、你咬住一根筷子，露出上排牙齿，嘴角扩大到连眼角都皱起来的程度，这就是阳光般灿烂的笑容。

第五节

真心道歉时，也是最深得人心的时刻

一个人认错道歉，很难吗？

老实说，真的不容易。因为自尊心作祟，觉得道歉是向人示弱，看起来很无能、很丢脸，所以人们总是找各种理由为自己辩驳。然而，肯认错道歉的人，不仅不会贬损自尊，还会赢得他人的肯定与敬佩。

有一个小孩儿一时疏忽踩到邻居刚铺好、未晾干的水泥车道上。

他心想：幸好没被人看见，只要不讲出来，就没有人会怪我。他回到家把鞋子冲洗干净，在门前的阶梯上静坐了一会儿，一直觉得心里不安，终于决定去向隔壁的伯伯道歉：“很对不起，刚才我误踩到你们新铺的水泥地上了。”

伯伯随着孩子走到现场查看后，拍拍他的肩膀说：“好孩子，很高兴你告诉我这件事，现在我还能够修补它。假如你不告诉我，那么等水泥干了，这些脚印就无法修补了。”

道歉，就像卸下心里的大石头一样，如释重负

人为什么要道歉？

道歉是负责任的表现。道歉的意思是“承认错误”，你愿意承认自己的行为给他人带来的伤害，愿意对事情负责任。

道歉让你变得更好。认错改过能弥补过失，修复信任感。从错误中学习，可以让你成为一个更好的人。

道歉能稳固情谊。你愿意道歉，就表明你看重这段关系，觉得跟对方和好更重要，而不是证明谁对谁错。

道歉让心里舒坦。为自己说错的话、做错的事道歉，就像卸下心里的大石头，如释重负。

如果要道歉，你需要注意什么?

道歉要及时。你拖得越久，冲突、误解就愈演愈烈，使得事情难有回转的余地；当关系开始变质，可能永远无法弥补、挽回。

道歉要真心实意。你用有口无心、心不甘情不愿的方式来道歉，无法化解心结。你解释得越多，越让人恼火，反而会弄巧成拙。

道歉要不计荣辱。希望别人原谅，你就不要怕丢脸。对方是否接受你的道歉，都没关系。道歉是把焦点放在你的行为上，而不是对方的反应上。你不需要为对方的反应负责，只需要为自己的行为负责即可。

犯错是人之常情，死不认错是人品问题

犯错是人之常情，智者有时愚拙、老师有时出丑、父母有时疏失、专家有时失误、辩士有时说错话、领导有时也会糊涂。人们不会因为你曾经犯错而讨厌你，却会因为你死不认错而瞧不起你。一个从来都不知道低头认错的人，很多时候活在错误里。

人们都想成为更聪明且完美的人，但事实上，有些缺点且会犯错的人更有人气。多年来，我在职场、生活中观察发现：偶尔有小失误的人，更平易近人；有时会出丑的人，更有人缘。承认错误的领导更受下属的尊重和喜爱；会道歉的父母，不会削减或动摇自己的权威，反而会与孩子建立情谊，并给孩子树立“知错能改”的榜样。

自信，就是“允许自己被否定”，你不见得总是对的，但不害怕自己是错的。当你真心道歉时，这也是最深得人心的时刻。

别人做了错事，即使是无心的，我们通常也会期待听到他的歉意。请回想一下，曾经有人向我们道歉，那时自己的心情是不是好多了？我们也可以让对方有相同的感受。

错在自己，道歉代表知错能改。错在对方，先道歉，代表自己在乎彼此的关系远甚于对与错。无论谁错，你必须承认每个人的感受都是真实的。明白这点，有助于坚定认错道歉的意愿。

第四章

你的心态

有些人上班或上课无精打采，回家就累倒；出门跟朋友谈天说地却精神焕发。

有些人每天抱怨，觉得工作是种负担；有些人开心满足，觉得辛苦很有意义。

是什么造成这样的不同？

这取决于心态。

第一节

谦卑心，承认无知是求知的第一步

多年前我到国外进修，在一位经验丰富的外科医师监督下参与一场手术。当时我因太紧张，表现并不理想。我很懊恼。那位医师亲切地安慰我：“等你做不好的次数和我一样多的时候再自责吧！”

他没有责备我，反而坦白表示自己也曾经笨拙过。他的安慰，使我的焦虑和挫折感顿时减少。

有一句话：“我以为别人对我谦卑，是因为我很优秀。慢慢地我明白了，别人对我谦卑，是因为别人很优秀。”人经历得越多，越虚怀若谷；层次越高的人，越懂得低调；

见多识广者看见天外有天，而自知不足，便会对万事万物心生谦卑、敬畏。

相反，愚蠢的人因欠缺自知之明而自我膨胀、自我感觉良好；平庸的人常自命不凡，觉得自己比别人高明；能力不足的人普遍好高骛远，高估自己；缺少见识的人往往夜郎自大、坐井观天；一知半解的人为人轻浮，总爱张扬。

以为自己什么都知道，恰恰是无知的表现

古希腊有一位哲学家，他上知天文，下知地理。

有一天，弟子问他："老师，您的知识如此丰富，回答问题也很清楚，但您为什么老是说自己不太明白，对自己所说的答案总是有所怀疑呢？"

哲学家顺手在桌上画了一大一小两个圆圈，并指着这两个圆圈说："大圆圈里是我的知识，小圆圈里是你们的知识，而这两个圆圈之外，就是我和你们不知道的部分。因为大圆圈的周长大于小圆圈，所以，我接触的或许比你们多，但无知的范围也比你们多。这就是我的不明白和怀疑

比你们多的原因。”

懂得越多，就越发觉自己知道的事物宛如沧海一粟；懂得越少，就越容易产生自己什么都知道的错觉，并对自己的所知深信不疑。一个人认为自己什么都知道、什么都懂，不是没见识，就是太自以为是。

几十年来，我一直铭记指导教授说的这段话：“在你认为自己无所不知的时候，学校会颁发学士学位给你；在你认为自己一知半解的时候，学校会颁发硕士学位给你；在你认为自己一无所知的时候，学校会颁发博士学位给你。”我常把这段话送给学生。

苏格拉底有一句经典名言：“我唯一知道的事，就是我什么都不知道。”为何他“一无所知”却能成为最有智慧的人？因为苏格拉底“知其不知”，而人最大的问题是害怕面对自己的无知。我们很难学到新事物，因为害怕显露自己的无知；我们害怕显露无知，因为害怕问问题；我们害怕问问题，因为害怕说“我不知道”；我们害怕说“我不知道”，所以学不到任何新事物。

我们要消除的不是无知，而是拒绝承认无知

我们要摆脱无知，要先承认自己的无知。这也是我们学习的第一步。

《论语》里写有人向孔子请教如何种好稻子的农耕问题。孔子说：“你不要问我，种田我不如老农。”那人又问如何种菜种花。孔子说：“这些我只懂一点儿，你应该去问种菜种花的人。”

没有人能够全知全能，每个人或多或少是无知的，差别只在是否愿意承认自己的无知。

大多数老师会发现，最常发问的学生通常是班上成绩最好的学生；一些企业的领导观察到，单位中哪位员工提的问题越多，他的成长和升迁就越快。“现代管理学之父”彼得·德鲁克更透露：“身为管理顾问，我最大的长处就是以无知的态度问一些问题。”

发现无知，代表我们还有进步与成长的空间；虚心求教，能够扩大我们的眼界，增长知识；大方承认“我不知道”，更容易得到别人的助力；勇于承认无知，是另一种聪明，能造就一个更好的你。

有这样一段谚语：“承认自己的无知，只表现一次无知；企图掩饰自己的无知，就得表现几次无知。”我们不懂就要问，不知道就说不知道。

“我不懂——你可以教我吗？”

“我有困难——你可以帮忙吗？”

“我不知所措——你可以指点我吗？”

“我想不出办法——你有什么办法吗？”

“我准备放弃了——你有没有什么建议？”

第二节

感恩心，别把习以为常视为理所当然

前阵子水情吃紧，给生活带来诸多不便，我不由得抱怨这种日子还要过多久。直到梅雨锋面通过，终于下雨了，我突然听到雨声，开水龙头看到有水，有种莫名其妙的幸福感。我意识到：以前每天都有水，我为什么没这种感觉？

有句歌词这么说：“你不知道自己拥有什么东西，直到你失去了它。”当一切习以为常，即使是美好的事物，也能被人视而不见。当日常生活中的幸福感源源不断，一切变得理所当然。

事实上，一开始我们总是心怀感激，感谢考试通过、被公司录用、买到车子房子、有美食可吃……但日子一天天过去，我们不再为拥有而感恩，反而因缺失而不满。我们会因热水器故障而生气，却不会因曾经每天有热水淋浴而高兴。

如果我们只注意到生活中的不如意，就处处是问题：工作不顺利、客户难沟通、服务员态度不好，就连堵车、找不到车位也会让我们发火，却忘了以前连车子都没有的事。

正因如此，培养感恩的心非常重要。如果对拥有的事物不抱有感恩之心，那么你将永远不满足。

感恩，是正面心态的基础

感恩是把我们忽略的美好的人、事物重新找回来。我们要感谢每天早上妈妈亲手煮的早餐、同事的一句慰问、朋友阳光般的微笑，听到的一首喜爱的音乐。我们要感谢每个为自己提供服务的人、行走一天的双脚、在寒冷天气里的一杯热腾腾的咖啡、回到家有热水洗去一整天的奔波疲惫……我们要怀着感恩的心，感激日常生活中的美好之处，并真心感受这一切。

感恩并非忽视生活中的问题，而是你需要将焦点集中在找出正面的事上。如果你丢了工作，感恩自己还拥有健康和家庭；如果你工作繁重加班到很晚，感恩自己还有体力操劳；如果你有蛀牙要去修补，感恩自己的牙齿还没掉光；如果你要带父母去医院看病，感恩自己能尽一点儿照顾父母的孝心；如果你遇到困难，感恩这些磨难让自己变得更坚强……感恩会改变你看待事物的心态，让你不再沉溺于苦恼、困顿中。

现在你可能会想：这些不就是正面思考吗？我要说："是的。"感恩是所有正面心态的基础。当你心中充满感恩时，你的思考和情绪就不可能是负面的。

如果你目前处境艰难，觉得心情郁闷，转念最快的方法就是列出一张感谢清单。这个练习很简单，你只要每天选择 3 件事情表达满心的感恩，不只是想，而是需要你写下来。持续几周，你就会用全然不同的眼光看世界。

幸福不是追来的，是感恩来的

人生有数不尽的美好的事，我们没感觉到是因为欠缺感恩的心。

我曾读过一则故事，有位老太太每天都过得快乐满足，许多人好奇她怎么如此懂得生活。

这位老太太每次出门都会带一把干燥的黄豆，这把豆子被放在外套右侧的口袋里。每次碰到美妙的事物，例如看见日出、听到孩童的笑声、吃到美味的食物、在太阳当头时碰巧有树荫可乘凉，她都会让自己开心地享受这些美妙的事物，并把右侧口袋的 1 颗黄豆放进左侧口袋里。若她遇到非常美好惊喜的事物，甚至会放 2 ~ 3 颗黄豆到左口袋。

每到傍晚，老太太就会坐在家中数着今天动了几颗黄豆。她一边开心地数着左边口袋里的黄豆，一边回想当天在外面遇到多少美好的事物。

其实，每当你感觉美好时，你就正处于感恩的状态。你的内心会有一股强大的满足感，这就是幸福。一位作家曾说："我们允许自己承认事情真的如此美好的时候，喜乐就这么产生了。"

留意日常生活中值得感激的事，特别是那些你认为理所当然的，例如稳定的工作、有人照顾、健康的身体、每天平安返家、有间遮风避雨的房子、有水有电可用、能正常呼吸等。

如果你难以体会，试着想象失去的感觉，想象你突然失去了这个东西、这项能力、这个人，你的人生会是什么样子？

你会不会恍然发现自己错过了什么？

你会不会怀念自己曾有过的幸福？

其实，在失去之前，我们很少会意识到：人生大多数美好的事物是我们蓦然回首时才发觉，而大多数人总要到失去了才懂得这个道理。

第三节

包容心，为多大事生气就有多大气度

有次出国旅行，同行的旅行团中有一家人言行极其粗鲁，几天过去，我发觉自己因为被这家人影响，心情变得越来越烦躁和气愤。

我回家反思发现，其实是自己破坏了这趟旅行，那家人只不过是按照本来的面貌生活，我有什么权利去对别人评头论足？

仔细想一想，当你看不惯别人的时候，你在想什么？无非是以自己的习惯看事情，以自己的标准来衡量和评价他人，对吗？换言之，你看某些人不顺眼，不表示他们是恶人，只是跟你合不来。有时候并不是别人不对，他们只是和我们的想法、做法不一样而已。这样的人永远都在，只是换了名字，你与其不断排斥，不如学习包容。

包容就是接纳别人与自己的不同。你或许不喜欢、不赞同，但尊重对方与自己不一样，你看不惯的人就会少很多。当不再盯着别人的错误，你就不再觉得别人碍眼。不执着于让别人改掉令自己生气的缺点，你也就不再觉得那些缺点无法容忍，这就是包容。

理解就是爱，包容就是情

一位老太太在 50 周年金婚纪念日那天向来宾道出了她保持婚姻幸福的秘诀。

她说：“从我结婚那天起，就准备列出丈夫的 10 条缺点，为了我们婚姻的幸福，我向自己承诺，每当他犯了这 10 条错误中的任何一条的时候，我都愿意原谅他。”

有人问：“那 10 条缺点到底是什么呢？”

她回答说：“老实告诉你们吧，50 年来，我始终没有把这 10 条缺点具体地列出来。每当我丈夫做错了事，让我气得直跳脚的时候，我马上提醒自己，算他运气好，他犯了我可以原谅的那10条错误当中的1条。”

作家张爱玲有一句名句：“因为爱过，所以慈悲；因为懂得，所以宽容。”我们学会宽容，才真正懂得什么是爱；真正懂得爱的人，才是真正会包容的人。

当我们了解人性的弱点，就能宽容别人所犯的错误；当我们明白社会竞争的本质，就能理解别人的难处；当我们知道别人所承受的压力，就能体谅别人的苦衷；当我们看到对方和自己一样，是一个凡人，有时会不成熟、不理性，有时会懦弱、会冲动，有时会失去耐心，宽恕别人就容易多了。

多一点儿慈悲，就多一点儿爱；多一点儿爱，就多一点儿包容。你会发现不喜欢的人并非像你想象中的那么讨厌。

对人生气是本能，能宽容是一种本事

这世界有着形形色色的人，无论是你喜欢的人还是不喜欢的人，都以自己的方式生活着，每个人都呈现本来的样子。你厌恶一个人，是因自己抱持着敌对的心态；你看不惯别人，其实是自己的修养不够；你和太多的人合不来，只能说明自己不够大度。

有人说：“池塘里的两条鱼难免会碰撞，但大海里的两艘船碰在一起的概率不高。”我喜欢这个比喻。如果我们把一滴墨水滴在一杯水中，整杯水都会变色，把一滴墨水滴到大海里它则消失无踪；把一大把盐倒入池塘，盐很快被水溶解，水的味道没有改变，若把盐倒入一杯水中，你当然难以下咽。

有一对父子搭火车外出旅游，途中有位查票员来检票，父亲因为找不到车票被查票员恶言以对。

事后，儿子就问父亲：“为什么刚才不反驳他呢？”

父亲说：“儿子，倘若这个人能忍受他自己的脾气一辈子，为何我不能忍受他几分钟呢？”

终身让路，充其量也只是百步而已。给人留一步路，好让自己的路愈走愈宽。因为说不定哪天，你也需要别人原谅。对人发脾气是本能，能宽容是一种本事。为多大的事生气，你就有多大的气度。

“包容”不等于“纵容”。

“包容”是宽容、不计较，我们原谅别人的过错，但要有一定的限度。如果我们忍让过了头，就成了软弱。

“纵容”是放任、不加拘束，容忍对方不断犯同一错误。如果我们没有原则地忍让，反而会让对方变本加厉。

包容的前提是尊重，我们尊重别人的同时不能丢失自己的价值和尊严；让人予取予求，毫无限制的包容，叫纵容。

我们要宽容，但不要纵容。

第四节

平常心，一切不如意都只是暂时的

一个不快乐的国王，要求朝中的智者给他一个“心灵得到真正平静”的答案，必须能在任何情况之下适用，包括得意、失意、忧愁、快乐、成功、失败……

智者思考了一会儿，对国王说：“3 天内我会给您一个完美的答案。”

3 天后，智者交给国王一张字条，上面写着：“这一切都会过去的。”

多有智慧的一句话！回头看你的人生，你听了一些话，经历了某些事，曾经让你开心的、在意的、计较的、不堪的、烦恼的、耿耿于怀的……都过去了，不是吗？

你再回想，几年前发生在你身上的那件不得了的事。当时你气愤、悲伤、沮丧、无助，觉得好像天要塌下来了。然而在多年后的今天，你是不是淡然许多，或许早已忘了此事？

曾有这么一段时间，你觉得郁闷在心中徘徊不去，阴沉的情绪压得你喘不过气，烦忧仿佛无穷无尽，而今都随时间飘逝；你曾以为放不下的人、忘不掉的事、过不去的坎，到最后都成了过眼云烟。一切都过去了。

一切都会过去，又都将开始

人生有起有落，事物来来去去，这本是生命的常态。没有一件事是永远不变的。那些让你痛苦的，也许曾让你渴望不已；那些让你欢喜的，也许最后让你痛苦不堪。随着日出而来的悲喜，或许随着日落而去。

耶鲁大学某位教授指出：科学家找来彩券头奖的得主，研究他的快乐指数。一夜之间拥有巨额财富，当然很令人欣喜，但 6 个月后，得奖者的快乐程度却和一般人差不多。

如果一个人遭遇车祸后失去双脚，必须靠轮椅移动，他是否再也无法拥有快乐？研究显示，一开始患者的心情确实跌至谷底，但6个月后，他还是可以和健康时一样快乐。一切境遇带来的苦乐都只是暂时的。

所以，在万事顺遂时，我们不要自满自大、得意忘形，要知道："这只是暂时的。"遭逢逆境的时刻，我们同样提醒自己："这只是暂时的。"你不必垂头丧气，自暴自弃。生命难免坎坎坷坷，我们要记住"这只是暂时的"，尽人事，听天命。只要我们时时保持乐观的心态，不如意都会过去，希望永远都在。

我们要感恩平凡的小事，因为它们不会永存；珍惜身边的人，他们也不会永远都在。人生大多美好的事物是短暂易逝的，我们要好好把握，别让自己徒留"为时已晚"的遗憾。

没有永远的春天，也没有永远的冬天，我们不要企图停留在某个处境里。我们应顺应自然的节奏，享受不同季节带来的风景。没有下不完的雨，没有不到来的黎明，当浓雾散去，我们又将豁然开朗。我们看花谢花落或许感伤，可人生转角处又见花开蝶飞。

将时间拉远来看时，真的没那么严重

爱尔兰剧作家萧伯纳有一句话乃真知灼见：“我知道我活得够久，这件事总会发生。”

考试失常、扭伤脚踝、踩到狗屎、遗失钱包、车子被拖走、办事员刁难、服务员粗鲁、同侪仗势欺人、职场升迁受阻……许多事情你只要将时间拉远来看，真的没那么严重。

有多少回你落入低潮，不久又恢复平常心情。你以为人生一片黑暗，没料到自己也会发光；你认为失去了就活不下去，现在不也活得好好的。开心只是一时，虚荣只是一时，吃亏只是一时，挫折只是一时。若干年后再回过头望，你就会明白，会笑自己为什么当初会这么在意。

你若想获得平静快乐，就不要对生命中的起起落落太在意。痛过、笑过，爱过、恨过，皆成经过；好事、坏事，大事、小事，终成往事。凡事以平常心看待——不论你现在过得如何，一切终究会成为过去的。

试着回想一个月前的这个时刻，你对生活有何抱怨，你还记得吗？

回想一年前的这个时刻，让你气急败坏的事，现在怎么样了？你是否气消了？那件事真的很严重吗？

现在你正执于某个问题，为某些事烦心，你可以这样问自己："10年后我会怎么看待这件事？"你把事情拉长时间看，5年、10年、一辈子，从人生尽头来看，眼前的问题就显得微不足道。今天过不去的事，都成了无足轻重的小事，或许成了你最爱提的故事。

第五节

快乐心，心态决定你的状态

有个朋友习惯晚睡晚起，我每次约他早上一起去跑步，他都说太早起不来。直到某天，他得知心仪的女生也会去跑步，于是早上6点准时出现在了运动场。

看到他的时候，我惊讶地问："你昨天有早睡吗？"

他说："没有。"

我问他："那你怎么有办法这么早起来的？"

这世上最快乐、最幸福的人，从外表看来与你我并无二致，只是微小的差异，却造成极大的差别。这微小的差异就是心态。

想起小时候放暑假，母亲看我们兄弟俩成天玩乐，便叫我们到自家的果园里锄草。我们心不甘、情不愿地去了。走到半路上，我们突然转念：何不卖力做好，给母亲一个惊喜？我们做了决定后，顿时精神一振，先前的不悦一扫而空，怀着雀跃的心情去锄草了。虽然工作加重，但我们的心态变了，随即转苦为乐。

苦乐都是我们内心所产生出来的感觉

我在网上读到过一篇文章，其中有一段情节：有个小姐常坐出租车去郊区某家企业做培训，然而这一次，开启了她迥然不同的体验。

她一上车，司机先生笑容可掬地转向她，伴随的是轻快愉悦的声音："你好，请问你要去哪里？"

真是难得亲切的态度，她感到有些讶异，随即说出了目的地。

"好，没问题！"然而出租车没开多久就遇到堵车。没想到，司机竟然轻松地吹起口哨来，显然今天心情不错。

她问："看来你今天的心情很好啊？"

司机笑得露出了牙齿："我每天都是这样啊，每天心情都很好。"

"为什么？"她感到好奇，"大家不都说市场不景气、工作时间长，收入不理想吗？"

司机说："没错，我也有家庭、有小孩儿要养，所以开车时间也跟着拉长。不过，日子还是要开心过的，我有个秘密……"

他停顿了一下："说出来小姐你别生气，好吗？"

"怎么会？"分享快乐的秘密当然好，她很感兴趣。

"那我就告诉你。"他说，"我总是换个角度来想事情。例如，我觉得出来开车，其实是客人付钱请我出来玩。像今天一早，我就碰到像你这样的客人，花钱请我跟你到山区里去玩，这不是很好吗？等到了目的地，你去办你的事，而现在是花季，我正好可以顺道赏赏花。"

他继续说："前几天，我载着一对情侣去淡水湖看夕阳，他们下车后，我也下来喝碗鱼丸汤，挤在他们旁边看了看夕阳才走，反正来都来了嘛，更何况还有人付钱。"

不是顺心让人愉悦，而是愉悦让人顺心

有句话说得好：“人这一生，过的是心情，活的是心态。”

真正快乐的人并非一开始就拥有一切美好，而是懂得活出自己的美好。

以前我在研究中心服务时，有位同事出了意外事故致使下肢瘫痪，必须用轮椅生活。康复半年后，回到岗位上，她一如过去谈笑风生。

有一次，我悄悄地问她，为什么在生活上有诸多不便，仍能如此开朗，她说：“我来上班，享受着我的工作；回到家，享受着家庭的亲情；坐轮椅，我一样可以开开心心。我的心并没有瘫痪啊！”

我学到的最棒的一个道理就是，只要你决定快乐，就能拥有快乐。如果你拥有一颗快乐的心，就能把快乐散播到身边，散播到你做的每件事上。

你有什么心态，就有什么样的人生。

天堂和地狱并不是两个不同的世界，而是两种不同的心态。

曾经拥有至高权力与财富的拿破仑曾感慨说:“我一辈子的幸福日子,不超过6天。”双眼失明且失聪的海伦·凯勒却说:“哇,我觉得人生真是美极了,我每天都好幸福。”

如果你怨恨，会看见一个怨恨的世界；你充满幸福，就会看见一个幸福的世界。如果你把周围的人看作恶魔，你就生活在地狱中；你把周围的人看作天使，你就生活在天堂里。

第五章
你经历的事

没有什么事是白做的，没有什么路是白走的。

你不曾走过，怎么懂得：

只有走错，才知修正改过。

走过低潮，才学会坚韧；到处碰壁，才学会转弯。

走进死胡同，才知道这条路不通。

你并不是没出路，只是习惯原地踏步。

你最厌恶、排斥、逃避的，也是你最需要学习的。

直到有一天，你学会用不同的心态和解决的方法，才能开启全新的人生。

PART 5

第一节

不断出现的问题，就是你的课题

人生有各种各样的问题，亲子问题、婆媳问题、工作问题……当工作问题解决，身体又出问题；身体好转，财务又出问题，有时似乎所有的问题同时出现，这是怎么回事？为什么有些问题重复困扰着我们？

只要人活着，就问题不断。人通过经历汲取经验、增长智慧。如果你发现自己总是重复某些问题，一再经历困扰的体验，这就是你的课题。

你是否发现，别人遇到棘手的问题，你通常能发现问题症结，并给出不错的建议；你自己遇到问题，事情就变得完全不是那么回事。每个人的课题不同，面对同样的问题有人迎刃而解，有人纠结难解，为何？问题不过是再次呈现我们没有学会的功课。

生命的课题总以相似的体验再次出现

许多人总被同样的问题困扰，因为总重复做同样的事。例如几天前你生气，隔几天你又发脾气，你觉得愤怒有什么不同吗？情况或许有所不同，理由或许有些不同，但你的愤怒是一样的。你记得自己有多少次生气的经验？你又从中学到了什么？有多少次你想改掉坏脾气，结果呢？

有时我们认为自己不会再犯同样的错误，但没过多久，同样的问题又发生了，因为我们还是老样子，我们的思维和性格一直没变。

有些人不断地换工作、对象、环境，每次以为自己“逃”出来了，后来又“陷”了进去。如果你深入去看，会发现这都是老问题的再现——选择了类似的对象，重复着同样的模式，反复以不同的背景和人物上演相同的戏码，问题只是换汤不换药。

人们常觉得不解，为什么最讨厌的人、最害怕的事总是甩不开；最不想面对的问题和麻烦却总是碰上……没错，任何我们没学会的功课，都会以相似的面貌不断地出现在我们的生命中。

如果自尊与自信是你的课题，你可能生活在充满批判与指责的环境里，不断受到伤害和打击，以此考验你的自尊，强化你的自信。如果爱是你的课题，你可能在错误的期待中沉沦，重复爱上、离开，又爱上同一种人，经历一再受委屈的过程以及被抛弃的体验，直到你懂得爱并学会爱自己。

打破这个重复，才能开启全新的人生

你很可能在人生的历程中，几十年内都围绕着同一个问题打转，原因就在这里。你一再失落、受伤、委屈、难过的地方，就是你的症结；你最害怕、厌恶、排斥、逃避的，也是你最需要学习的功课。

有人曾说："唯有进入深渊，你才能寻回生命的宝库。你跌倒的地方，正是宝库的所在地。你最害怕进入的洞穴，正是探索的源头。”你此刻所面临的挑战，就是最好的线索。你可以顺着它探寻出源头，而这源头很可能就跟此刻遇到的困境有关。

当你感到厌恶、愤怒、痛苦、绝望时，请先静下来，回顾一下自己的人生经历：过去有没有类似的状况？有没有出现过类似的心情？有没有陷入过类似的处境？

这些经历，是不是你自己没学会的生命课题？是不是自己一再逃避的问题？你是否存在疗愈的需求？你是否尝试去抓住那些能够帮助自己成长的机会？

你不会因为长大而突然变成熟、有智慧。如果你没改变的话，同样的问题会一再出现。直到有一天，你打破这个重复，学会用不同的心态和解决的方法，才能开启全新的人生。

在人生经历中，有哪些问题一再困扰着你？金钱、关系、健康、工作、感情……问自己：“我在解决问题吗？还是我就是那个问题？”

有句很棒的话是这么说的：“人无法用相同的自己，得到不同的未来。”许多问题之所以缠着你不放，很可能问题就出在你的身上。如果你老用同样的方法，只会得到同样的结果。

第二节

不是没出路，是因为原地踏步

许多人或许有这样的感叹：每天忙得团团转，人生却一直停滞不前；觉得自己被卡住，困于现状，毫无进展，或在做无望的等候，看着时间一点儿一点儿流逝，不知道该怎么办。为什么别人不断前进，自己却原地踏步？

听听唐僧取经的故事：唐僧前往西天取经时所骑的白马，原本只是长安城中一家磨坊里的一匹普通白马。等唐僧返回东土大唐，这匹马成了功臣，被誉为“大唐第一名马”。

白马衣锦还乡，来到昔日的磨坊看望老朋友。一大群驴子和老马围着白马，听白马讲去西天途中的见闻以及今日的荣耀，大家羡慕不已。

白马很平静地说："各位，我也没有什么了不起，只不过有幸被玄奘大师选中，一步一步西去东回而已。这期间，大家也没闲着，只不过你们是在家门口来回打转。其实，我走一步，你们也在走一步，咱们走过的路还是一样长，也一样辛苦。"

驴子和马都静了下来：是啊，自己也没闲着啊，怎么人家就"功成名就"，自己还是老样子呢？

这番话发人深省。如果你绕着同一个圈子，一圈又一圈地走，不管你走多久，都只是在原地踏步。

未知并不可怕，可怕的是因恐惧而驻足原地

你是否看过被困在窗户玻璃上的苍蝇，飞了半天，一直在原地打转。事实上，门始终是打开的，苍蝇只要改变方向，就会畅通无阻。也就是说，"被困住"，只是一种感觉，并非事实。

许多人明知道要改变，却不敢放弃眼前的安稳；想摆脱一段不健康的感情，却又怕孤单一人；渴望转换跑道，却又担心之前的努力白费；明明想要过不同的人生，却始终没有勇气踏出第一步。结果呢，我们就一直待在自己厌恶的工作岗位上，待在我们不喜欢的地方，纠缠在错乱的关系中，陷入痛苦的处境里打转。

未知并不可怕，可怕的是因恐惧而驻足原地。舒适圈固然熟悉安全，也成了禁锢我们的牢笼。

当然，改变对任何人来说都不容易，因为有太多的未知与不确定性，会带来深刻的恐惧与不安；但未知充满不确定，也代表着无限可能，人生的丰富精彩也在此。虽然把船停在港口里能保平安，但远离海岸线才会有奇遇。

倘若不想囿于现状，就必须下决心改变，离开现在的位置。每当我这么说，就有人问："万一结果更糟糕，该怎么办？""你确定可行吗？"

"不，我不能保证。"

"既然如此，为什么要冒险？"

"你应该反过来问，为什么不去冒险？"

引用“股神”巴菲特的话：“做你没做过的事叫成长，做你不愿意做的事叫改变，做你不敢做的事叫突破！”一次勇敢的冒险，让你做到这3件事：成长、改变、突破。

紧缩在花苞里的痛苦多过冒险绽放

某一天，一只青蛙在跳跃的时候突然滑进村庄小路边的一个大坑里。它费尽力气却无法跳出坑。不久之后，有一只兔子偶然发现困在坑里的青蛙，想要帮它离开坑，可是兔子失败了。后来森林里有许多动物英勇地尝试了三四次，要将这只可怜的青蛙救出来，最后还是放弃了。

它们说：“我们还会再回来，并带些食物给你。这样你可能会在这里待一阵子。”可是它们刚转身准备去找食物，就听到青蛙在它们身后跳跃的声音。它们简直不敢相信，惊叫：“我们以为你没办法逃脱！”青蛙回答：“噢，我是没办法，可是你们知道吗？有一辆大卡车朝着我们开过来，我不得不脱逃。”

你并不是没出路，是因为习惯原地踏步。如果你意志不坚定，总是犹豫不决，肯定很难突破，因为自己就是最大的阻碍。既然原地踏步也会磨损鞋底，你何不迈开脚步，勇敢地走出去？

5年后，你再回头看，是想回到原来的生活，还是想换个方式重新开始？

当人生停滞不前时，你不妨停下脚步好好地想一想。

你希望5年后的自己做些什么事？

你希望5年后的自己成为什么样的人？

你希望5年后的自己过着什么样的生活？

你一直走旧的路，就到不了新的地方。努力并不是盲目地投入，你要知道自己该往哪个方向走。你目标越明确，越能激励自己前进；愿景越清晰，在每一次经历低潮时越能提醒自己坚持下去。

第三节

去做害怕的事，就是克服害怕最好的良方

看到有人当众演出，或在舞台上深情歌唱，或在人群面前侃侃而谈，你会想到什么？

你可能觉得他们天生就什么都不怕，很羡慕他们无所畏惧，但事实上并非如此。他们和普通人一样会焦虑和紧张，心跳加速、口干舌燥、脚底发冷、手心冒汗，脑子里一片空白。他们表面从容不迫，其实紧张得一颗心快要蹦出来了。

每个人都会感到恐惧，那些名人也一样。例如，你知道传奇球星迈克尔·乔丹曾公开坦承自己在比赛前会紧张；

“股神”巴菲特在自传中说道：“你无法想象每次发表演说时我有多紧张，害怕到一句话也说不出口，甚至会想吐。”

感到恐惧是我们遭受威胁和挑战时的自然反应，以平常心看待即可。如果我们太在意，会使内心极度不安，在这种心理状态驱使下，我们会想尽各种办法消除恐惧，结果恐惧愈演愈烈，事情反而更糟糕。

我很容易害怕，该怎么办？我要怎么变勇敢？

我觉得“勇敢”是没办法教的，拼命对自己说“别怕”“要勇敢”也不会有帮助的。唯一的方法是直接面对。

举例说明，许多人应该玩过或者看过恐怖箱游戏，箱子里也许只摆放几条抹布和几只毛刷，但因为对未知的恐惧，每个人将手伸进去时都会胆战心惊，以为自己摸到了怪物，甚至觉得自己会被蜇伤。直到人们打开恐怖箱，“魔咒”解除了，人们才发现其实也没什么。

原来，真正恐怖的是“自己吓自己”。就像在暗夜里错把绳子当作蛇一样，你可能被吓得双脚发软。当你靠近去看，发现那只不过是一条绳子，此时不论你离它多近，也不再害怕了。

你恐惧的就是恐惧本身。如果你拥有一个很好的机会，可以证明自己的能力、做你想做的事、到你想去的地方，实现期待已久的梦想，你觉得什么会成为你的阻力？

就是恐惧，对吗？你越是退缩，会变得越胆怯。因为你等于告诉自己："这件事很可怕。"你逃避恐惧，只会让恐惧更茁壮成长，让恐惧在你心里更加根深蒂固。消除恐惧的最好方法就是去面对，你越去做害怕做的事，就越会觉得其实没有什么好害怕的。

你能做的，比自己想的还多

我的一位好友一直是我学习的典范，有次他受邀到某著名大学演讲，临行前跟我聊到自己许多担心的状况与压力。我问："当时你是怎么决定前往的？"他说："你拥有梦想，也有恐惧。你选哪一样？"

诚如斯言，勇敢不是不害怕，而是虽然害怕仍然继续前进；勇者并不是无惧，而是知道有比恐惧更重要的事。你每一次的勇敢行动，都可以是挑战自我的极限；每一次超越恐惧，就能得到前所未有的力量。

有位辞去工作出国留学的读者这么说："如果当初因恐惧而放弃，我就不会遇到现在所遇到的人，也不知道原来自己能胜任那么多事，更不会知道原来梦想并没有离自己太远。我很感谢当初的勇敢，那种不顾一切、想做就去做的冲动。"

恐惧（terrified）和绝妙（terrific）这两个词语，其实都是由同一个词根衍生出来的。你最深沉的恐惧，会转化为你最了不起的成就。不要忽视自己的可能性，别让恐惧主宰人生。你想要做什么，就放手去做吧！

在你的人生中，恐惧阻碍了你做哪些事？你因为恐惧而错过了什么？

想一想那些因为自己逃避而错过的事。如果你不逃避恐惧，人生会变得多么不同？你可以做到哪些事情？

犹豫不决、胆怯畏缩时，请你问问自己："我做不到又如何？最坏的情况是什么？"只要你允许和接受自己犯错、失败、从头来过，那又有什么可以令你恐惧的？即使回到原点，你有什么损失的？

第四节

人生中遇到的每个人都是自己的老师

人生就是不断学习的历程，你生命里的每个问题都是你的功课，你遇到的每个人都是你的老师。无论经历什么，你都能将此谨记在心，那么便可以产生巨大的改变，快速成长。

回想刚离开学校、踏入职场时，我常被同事欺压、刁难，也见识到领导间的明争暗斗。我熬了几年，当我要离职时，单位领导问我："你来这里有没有学到什么？"灰心失望的我只淡淡地回答："好像没有。"

多年后，我才发现这段岁月成了影响我一生的经历。

现在我能独当一面、圆融处世，大多归功于那时所吸取的教训，许多能力也是那时磨炼出来的。如果时间可以倒流，再见到那位领导，我想告诉他：谢谢，在这里我学到的一切都令我很受用。

想成功，你不只需要朋友，更需要敌人

我始终相信，在生命中出现的每一个人，发生的每一件事情，都有其意义，都在教会我们什么。一个你不喜欢的人，教你尊重；不喜欢你的人，让你学会反省；阴险的小人，让你认清人性的险恶；爱唱反调的人，也许能轻易突破你的盲点；打击你、泼你冷水的人，或许会激发你的能力，让你变得更强大。

陪你成长的是朋友，但真正让你成长的大多是敌人。你与其把敌人视为心腹大患，欲除之而后快，不如学会将竞争转化成激励自己进步的动力，心念一转，格局便不一样。

很多人问我为什么任何时候都可以保持积极心态，我觉得最关键的是，凡事要从受害中找出可能受益的一面，

这也是我悟到的人生哲理。人会陷入负面心态中，并一直恶性循环下去，是因为只看到坏的一面。同样的事情，我们要是学会正面思考，就会出现不同的走向。

你若因被人误解而感到委屈，可借此反思自己在人际互动时要注意的问题；你若被人批评指正，换个角度看，对方也是希望你更好，也可能是基于对你的期待。有人处处针对、为难你，你可以把这视为考验与磨炼自己心性的机会；有人给你指派很多工作，你可以把这当作累积经验的机会。

有位老板讲过这样一个故事：老板手下有个年轻人，能力很强。无论上级交代什么任务，他总能快速地完成。更难能可贵的是，涉及工作之外的事情，他也会去钻研，然后努力做出成果。

有一次，这位老板主动找到这个年轻人，问他："工作内容和岗位职责并不怎么匹配，甚至牺牲了一部分私人时间，你难道不会觉得生气吗？"

年轻人回答他："工作、职位都可能是别人的，但学到的东西是自己的。更何况，这些事情看似浪费了一些时间，但时间本来就是用来提升自我的。也正是在这个过程中，我接触到了很多新知识，不但提升了能力，还拓宽了思维。”

大家认为这个年轻人是在受害还是受益？

人应该向前走，但要常回头看自己

人生中的每条弯路都是人成长的必经之路。

人应该向前走，但要常回头看自己。你经历的胜利与失败、高峰与低谷，你遇到的每一个好人与坏人、贵人与敌人，都造就今日的你。表面上看起来阻碍你的那些人，其实在背后推着你前进。最难缠的那些人，总让你成长最多。

当你回头看，看到曾经愚蠢和幼稚的自己，说明今天的你比昨天的你更成熟，现在的你跟以前不一样了。你别自责、别后悔，无论多悲惨、多痛苦的经历，终将成为浇灌生命的养分。即使留下无法恢复的伤痕，无法弥补的错误，也不要悲伤、一蹶不振，因为这是你成长的代价，这证明你真正活过。

我们该如何面对失败，不再沉溺于错误与悔恨之中？

我们该如何让自己的内心平静?

我们可以做一个简单的练习：将自己曾经犯过的错误列在一张纸上，接着在上面写下从每一个错误中获得的教训以及这些错误带来的益处。我们会发现，若没有这些错误，自己的人生就不会像现在这么丰富。

我们所经历的每一个负面事件都可能有正面意义，每次伤害都可能有其有益的一面。我们与其去问“为什么这样的事情会发生在我身上”，不如问“这个人要教导我什么呢”“从这件事情当中，我学到了什么”，事情就会朝好的方向发展。

第五节

苦乐参半的人生，是上天的礼物

很多人怕吃苦，一旦遇到困难或者障碍，通常会选择逃避。这种怕吃苦的人很难快乐，因为没有谁的人生总是一帆风顺的。如果我们将不顺遂的事情全部剔除，快乐、幸福是否就唾手可得呢？并不会。即使婚姻没有破裂，也不代表自己的生活幸福美满；即使讨厌的同事离职，自己也未必从此工作愉快。如果成天无所事事，我们就会闲得无聊苦闷；如果生活过于平顺安稳，我们就会觉得生活淡而无味。我们拥有了一切，反而会心生无趣。

苦与乐看似对立，但实际上相互依存。请你回想一下那些令你快乐的事情：完成工作、达到目标、排除障碍、解决问题、跨过难关、和一群志同道合的伙伴一起打拼等，这些看似辛苦的事，却让我们感到欢喜。

我再举个简单的例子，冬天洗热水澡会让人觉得是件很平常的事，但是，热水器坏了几天，刚修好之际，你就能感受到能洗热水澡是多么幸福。人生中的苦与乐常常是互相转化的。美味的食物让人快乐，但你吃饱了还继续吃，就变成了一种痛苦。人过度追求快乐，结果往往适得其反。

快乐不是没有痛苦，有时痛苦更能让人感知快乐

有位僧人在屋子里不停地抱怨："天气这么热，真让人受不了！"

"到太阳底下去躲一躲吧！"师父说。

"太阳底下不是更热吗？"弟子不解。

师父回答："但当你回到屋里，就不再那么热啦！"

在炙热的太阳下工作，如果能到树荫下乘凉你就会感到快乐；感到鼻塞、气喘，如果能呼吸通畅你就会觉得幸福；大病一场后，你才会发现健康的可贵；和朋友争吵后

握手言和，你们的友谊会更深厚；生死关头，你才会更加珍爱生命……体验痛苦可以帮助人感知幸福。

有位作家说：“有悲哀的地方才会有幸福。世人大多无法理解这句话的意思。然而，除非你彻底去体会这层意义，否则一生将过得糊里糊涂。”

一味追求享乐的人，常愈活愈苦；真正过苦日子的人，苦过反而转甜。一生中最快乐的时刻，其实是我们艰苦奋斗，逐渐摆脱贫穷的时候。其实，每一次苦难都是对我们人生境界的升华。我们在苦难中感悟人生的本质，学会了体谅他人，懂得感恩，也学会了珍惜。

人唯累过，方知闲；唯苦过，方知甜；唯有黑暗才显出欢乐时刻的光明；凛冽寒冬才让人感受到阳光的温暖；吃苦受罪才让人体会到苦尽甘来的喜乐；历经千辛万苦，幸福才显得如此珍贵。

只有不怕苦的人，才能吃出甜的滋味

一个真正领悟的人不会选择逃避苦难，一个成熟的人不会说“我只要喜乐，不想要痛苦”。

痛苦与快乐都是人生的一部分，你一直避开痛苦，如何体会快乐？这就如同白天与黑夜，有白天就有黑夜。如果你拒绝了黑夜，你将是痛苦的。其实黑夜并不会带来痛苦，你选择了白天而抗拒黑夜，痛苦才会产生。

快乐的人生并非一切尽善尽美的，我们要学会在不完美中快乐地生活。幸福的人生并非努力追求快乐的，我们要从努力中发现快乐。在辛苦打拼之后，我们才能全然地放松和享受，尽情地体会快乐。

人生有苦难，但也有祝福；有艰辛，但也有美好。把生命当作一份礼物，将苦乐照单全收，做你正在做的事，接纳你所受的苦，以欢喜、开放的心态来面对一切，只要甘心接纳，你会发现苦过必甜。

虽然我们无法避免痛苦，但主动受苦是不必要的。

受苦意味着抗拒，你在抗拒些什么，才会因什么受苦。想想看，你抗拒的话可以减轻负担、改变处境、减少痛苦吗？还是你反而受了更多的苦？

人活着本来就会有辛苦的一面。不怕吃苦，只是苦一阵子；怕吃苦，就会苦一辈子。一个人苦吃多了，就能承受原本难以承受的痛苦；从没吃过苦，即使遇到微小的烦恼，其也会成为巨大的痛苦。

第六章
你怎么思考

在生活中，我们会不断地看到自己想看的东西，感受到自己想感受的东西，找到自己想找到的问题。

如果你看到世界美丽多彩，人生就是美丽多彩的。

如果你觉得人生是悲惨的，看见的就是悲惨世界。

如果你发现这世界纷纷扰扰，世界就会和你想的一样。

如果你觉得别人都对不起你，那么所有人看起来都像亏欠你。

你寻找什么，就会发现什么。

PART 6

第一节

你的心反映你的世界

想一想，在你的周围，有人活得快乐精彩，有人过得痛苦绝望，你认为他们活在同一个世界吗？

某一天，你感到心情愉悦，当你走在路上，步调轻盈，景色怡人；另一天，你愁眉不展，步伐沉重，你感受到的是两个截然不同的世界。

当心情愉悦时，你看什么都欢喜，觉得世间充满爱与幸福；当厌恶不满时，你以为全世界都与你为敌，连一件小事都能惹恼你。若你的内心充满阳光，生命处处都是阳光；若你的内心阴暗，看什么都是阴暗的，自己也会处在一个阴暗的世界里。

我听过一句很棒的话："环境不会造就一个人，却会显露出他自己。"你是否发现不管什么境遇都有人活得快乐，也有人过得悲惨？总有人在和你遇到相同的问题时，还能露出笑容；有些人日子平顺舒适，却愁眉不展，对吗？

很多人一味想改变外在环境，却弄错了方向

有位作家曾讲过一件令自己深有感触的事：有一次，他走在乡间的小路上，忽然下起大雨，他狼狈地跑到一家农场的屋檐下避雨，并跟这家农场的农夫搭讪："真是糟糕的天气！"这个农夫一边惬意地泡茶，一边望着远处朦胧的田野，说："哪里有坏天气，每一天都是好天气！"

有时候外面下着雨，你的心情却是愉悦的；有时候外面是艳阳天，你的心情却充满阴郁不快。让人感到快乐和痛苦的并非环境，而是两种不同的心境。

刚考完试、工作完成或者准备去度假之时，你是不是觉得一切都是美好的，静谧的星空、优美的音乐、舒服的微风，连路上的小孩儿也变得可爱了。外部环境其实一点儿也没有改变，是你的心境变了。

很多人一味想改变外在环境，却弄错了方向。

人一直试着去改变外在的世界，从一个地方换到另一个地方，这份工作换到那份工作，这个人换那个人，但问题还是一样……人如何能逃离自己？无论我们在哪里，都会带着生活多年的个性和脾气。为什么大多数的改变是短暂且徒劳无功的？因为本质没变，人的心态和思维模式没有改变。

快乐并不在外面，在你的心里面

有人抱怨生活不如意，我总会给出同样的忠告："随时注意自己的内心。"你对生活不满意，或者感到痛苦，来自你的内在；你觉得生活美好，感觉很快乐，那也是来自你的内在。你若想改变生活，先改变自己的内心。

多年前，我去著名的景区游玩。绵延数里的海岸，变化万千。晚上我住在位于悬崖山顶的酒店，俯瞰壮阔的海岸线，美丽景色尽在眼前。当时我却无法开怀，因为自己发表的文章出了些问题。我深刻体悟到"乐由心生"的道理。

你若不开心，到哪里都会不开心；心若不安，到哪里都有一片纷扰。若心被烦恼包围，尽管你置身美景，内心却被乌云罩顶。

引用一位作家的话："我们也许会到全世界去寻找快乐，但是除非我们把快乐带在身上，否则我们是找不到它的。"

为什么有人总是那么快乐？

因为他们随处都可以发现欢喜。

为什么你看不到欢喜的事？

因为你的内心没有感受到，外在也看不到。

与其说你活在世界里，不如说世界在你的心里。你每一次看待事情的时候，它们在你的眼中都不一样，因为你的心境不同。

第二节

你的想法决定你的经验

大多数的人认为情绪的产生是由事件直接造成的，事件等于经验。比如，自己被人抛弃，会感到伤心；考试失常，会感到沮丧；被批评责怪，会很生气。其实不然，同样的事情并不会让人产生相同的反应。

失恋会让人感到痛苦难熬，但有人觉得如释重负；考试落榜可能会让人失落伤心，但有人可能被激起斗志；被批评指责，有人可能会因此记仇，有人反而觉得获益感激。

那么，到底是什么影响人的情绪反应？

是我们对事件的看法。上述例子中，失恋让人伤心，并非因为事件本身，而是自我感受："天哪！我现在孤零零的，真可悲！""我过去的付出都白费了，我不甘心！"我们的这些想法，才是造成痛苦的"罪魁祸首"。

两辆车相撞，一个人说："真倒霉，遇到这种事。"另一人却说："真幸运，人都没事！"

生病住院，一个人说："亲友不关心我，也不来看望我。"另一人却说："亲友真体贴，想让我多休息！"

让我们受苦的不是事情，而是我们的看法

英国一位小说家曾说过："经验不是指发生在你身上的事情，而是指你如何去看待发生在你身上的事情。"

想象一下，一个路人不小心踩到你的脚，却看都不看一眼，也不向你说声抱歉，你是否觉得很气愤？

如果你事后发现，踩到你的那个人是个盲人，你又会怎么想呢？你是否从不开心转而同情他？

可见，事情并没有改变，改变的只是我们对事情的看法。

人们为情绪所苦，向医生求助，进行心理治疗，想改变自己愤怒、焦虑、悲伤、忧郁的感受。但事情本身真的能让我们变得歇斯底里或者痛不欲生吗？或者这更多是因我们对事情的看法而产生的负面情绪？“让我们受苦的不是事情，而是我们的看法”，我们要学会自己转念。

有个年轻人向我诉苦：“我在工作上花了那么多的时间和精力，老板还挑三拣四，无论我多么努力，都无法让他满意，那我为什么还要努力？”

如果这个年轻人开始转念：“老板对我真好，给我发工资，还给我很多学习的机会。我等于领了几份工资。”“老板指出我的问题，这让我学到了很多宝贵的东西，我下次一定可以做得更好。”凡事要往好处想，我们的认知一旦发生改变，心态也会随之改变。

改变看事情的方式就能改变事情

有人说：“面对同一件事，你想开了就是美好，想不开就是痛苦。”人常会碰到很多无解的难题，或许不是解不开，只是你没想解开而已。每当发生问题，你要练习“凡事往好处想”的思维方式——在最糟的情况下选择最好的，这就是乐观，也是转念最快的方法。

如果领导对你严厉，你往好处想，这可以磨炼心智，让自己快速成长。

如果你的责任愈来愈重，往好处想，你会发现自己愈来愈重要。

如果你识人不清，往好处想，自己终于看清人性。

如果你拒绝和一些人往来，往好处想，自己不必再虚情假意地社交。

如果你考砸了，往好处想，还好这次考试不是大考。

如果你失恋分手，往好处想，还好不是离婚。

真正乐观的人不是没有坏心情，而是即使心情不好，他依然能正向看待。一件事，你越往坏处想，心就越狭窄，人生就越难行进；越往好处想，心就越开阔，人生就会有无限可能。其实，能影响你心情的，不是事情，而是你自己。

“当我感到痛苦的时候，”一位禅师说，“我就把它当作是一种需要改变的征兆，这表示我需要改变做事的方法，要不就是改变观察事物的方式。”

请你问问自己：我的观点是否太偏狭？我是否太执着于自己的想法？

执迷不悟，只从一个角度看事情，只有一个答案，只有一种做事方法，你就很容易变得冥顽不灵，变得偏执。你不妨换个想法，想法越多，越往好处想，用“不一样的眼光”看事情，结果就完全不同。

第三节

自己的情绪，自己负责

“你把我惹火了”“你伤了我的心”“你让我觉得沮丧”“你害我心情不好”“他们让我很不舒服”“我被那件事气坏了”……你反思一下自己说过多少次这样的话？

“情绪是你自己的，为什么要别人负责？”当我这么问，有人会反驳：“不是啊，明明就是他惹我的。”“都是他讲了什么，做了什么，才会惹我生气。”“错的是他们，受伤的是我，我为什么要负责？”……这么说也有道理，你的情绪确实是由对方所引发的；但问题就在这里。如果你坚持认为情绪是别人造成的，就注定成为受害者。你等于把情绪的主导权交给了别人，不仅他人能轻易影响你的情绪，你的喜怒哀乐也将任人摆布。

“是他招惹你，还是你招惹自己的？”这是一个值得我们深思的问题。有一件事是非常确定的，不管是谁招惹谁，面对同样的状况，有些人并不会反应那么激烈。为什么？

想象一下，你挤压柠檬的话，会挤出什么？柠檬汁，因为那是它的内容物。你刺激别人，他会口出恶言、发飙抓狂，那也是因为他的内心。

有人可以承受他人的口头讨伐，有人被说几句就火冒三丈。气愤并不是来自别人的攻击，而是因为内心本来就有这股情绪。

你拒绝接收，情绪就“物归原主”

有一个焦虑症患者告诉我：“主管暴躁易怒，给我很大压力。”我说：“是你接收了主管的情绪，让自己压力很大。”这两句话是不一样的。别人喜怒无常，态度不好，脸色很差，这全都是他的事。至于要不要接收他的这些情绪，就是你自己的事。

医生每天看那么多病人，为什么不受影响？因为他知道那些问题不是自己的，所以就不会被一些病人影响。

有位师父在旅途中碰到一个不喜欢他的人。连续好几天，好长一段路，那个人用尽各种方法诬蔑这位师父。

最后，师父转身问那个人："若有人送你一份礼物，但你拒绝接受，那么这份礼物属于谁？"

那人答："属于原本送礼物的那个人。"

师父笑说："没错，今天你在我面前说的那些话，我不接受，那些谩骂就再归你所有。"

那个人听完若有所思地走了。

你要想拿回自己的情绪主导权，就要先去划定情绪界限——哪些是你的情绪？哪些是别人的情绪？你不必为别人的情绪负责，但你必须为"自己的反应"负责，因为这些都是你能控制的。

别人的情绪，不是你的责任

一位专栏作家和朋友在报摊上买报纸。他的朋友买完报纸礼貌地说了声“谢谢”，但商贩表情冷漠，不发一语。

专栏作家说：“这个人真没有礼貌。”

朋友解释说：“他一直都是这样的。”

专栏作家不解地问：“那你为什么还要对他这么客气？”

朋友回答说：“我为什么要让他的行为来决定我的行为呢？”

他说得对，如果一个人没有礼貌，那是“他的”问题；如果一个人态度差，那是“他的”问题，而不是自己的问题，我们为什么要受他的影响？

如果有人粗鲁无礼，你就粗鲁无礼吗？别人可能表情冷漠，但你为什么要冷漠以对呢？别人对你恶言相向，你唯一的反应就是还击吗？当然不是！你可以选择无动于衷、大而化之、高尚优雅、以礼相待、微笑关怀……

别人有情绪，不是你的责任。记住，我们要为自己的行为负责，而不需要为别人的情绪负责。做个实验，如果我们以负责任的态度替代责怪他人，会发生什么事情？把焦点放在都是“别人的错”上面，我们就会产生负面情绪；我们把焦点放在解决问题而非抱怨上，负面情绪就会消失。

我们应避免使用不负责任的情绪用语，如“你让我很生气”“你让我心情不好”“你让我很恼火”。相反，我们应使用负责任的话语，如“我让自己生气”“我让自己心情不好”“我让自己很恼火”。

把自己的负面情绪归咎于他人，我们看到的是“别人对自己做了什么”，自己把力量交到对方的手中，让对方决定我们的情绪和行为。

我们应为自己的情绪负责，转而向内探索，明白“我们对自己做了什么”，才能察觉自己对情绪的影响力，拿回自己的力量。

第四节

你看到的只是你想看到的

有这样一个实验：仔细看着房间周遭，将所有“黑色”的东西记下，之后闭上眼睛，试着回想你之前看到的“红色”的东西。看看你可以说出几项？

很多人会因此吓一跳，我们过于专注“黑色”的东西，根本没有注意“红色”的东西。事实是，房间里有各种颜色的东西，我们只专注于某些想看的东西，往往会忘了其他的东西。

比如，恋爱中，两个人每天都想着对方，总是看到对方的优点；分手后，两个人每天都埋怨对方，只看到对方的缺点。我们喜欢一个人，会越看越喜欢；不喜欢一个人，则越看越讨厌。再比如，我们一旦情绪低落，只会看到事情的黑暗面；我们要求完美，就会挑剔过失或缺点。

为什么会出现这样的状况？想象一下，夜晚，汽车灯照射的地方会非常亮，其他地方就一片漆黑。我们的注意力也是如此。我们专注于自己厌恶的事情，就会对其他美好的事视而不见。我们只注意乌云密布，就会忽略刚才灿烂的阳光。

你所看到的世界是你所选择看到的世界

有位初入职场的学生告诉我，他发现社会很现实、很黑暗，无论去到哪里，都可以发现人性的险恶。

“周遭的环境和人永远都会配合你。”我说，“这个社会有些人确实险恶，但善良的人更多。由于你过于专注人性险恶，一个恶性循环便开始了，你的经验更加深了原来的看法。”

假如你认为别人不怀好意，那么，当有人对你态度冷淡、在背后窃窃私语、没回电话、说了不中听的话，你便觉得证实了自己的想法。你很可能会因此采取防御性的言行。对方也因此反击，你就会觉得自己先前的预测果然是对的。

如果你怀疑某人居心叵测，那么，对方所有的言行举止在你看来都像是刻意或者故意的。你犯错出丑，就会怀疑对方幸灾乐祸；对方想关心你、帮你，你又猜想他会有所企图。

有一件事很重要，即我们在看见某事之前，已经决定好自己要看见什么，而且相信看得到。

一个忧郁沮丧的人认为世界是黑暗的，在他的眼中只会有灰暗、负面的事情。本来缤纷的世界像是套上了灰色滤镜，因此，映入眼帘的万事万物都会比真实的样貌更黑暗，他最终相信这个世界暗淡无光。

你寻找什么，就会发现什么

一位心理学家曾富有洞察力地提出：“你看到的只是你想看到的。”当一个人内心形成某种认知时，自己就会在现实中寻找证据，最终认为真是如此。

有位女士住在河边，向警方投诉，有一群男孩儿竟然在她家门前嬉闹玩水。于是警长派一位警察去瞧瞧什么情况。这位警察规劝顽皮的年轻人，要他们别在人家门口嬉闹，而是去上游没有人住的地方戏水。

然而第二天，这位女士又打电话到警察局抱怨："我怎么又看到了那群男孩儿？"警察只好再度亲临现场，将男孩儿们驱赶到更上游的地方。没想到隔天，愤怒的女士还是打电话找警长抱怨："我从阁楼的窗口用望远镜看出去，还是看得到那群男孩儿啊！"

在生活中，我们会不断看到自己想看到的东西，听到自己想听到的声音，感受到自己想感受的感觉，找到自己想找到的问题。对那些觉得生活令人烦躁不安、世界充满恶意的人来说，他们周围充满了佐证。我们若想为自己愤世嫉俗的见解辩解，绝对不愁找不到证据。

是的，我们寻找什么，就会发现什么。

有两个人各执己见，一个人说："世界充满爱。"另外一个人说："世界充满险恶。"他们可以一直争论，但永远不可能有结论，因为他们说的都是自己看到的。

你看到世界美丽多彩，人生就是美丽多彩的；你觉得人生充满悲惨，看见的就是悲惨世界；你认为人生充满希望，就会感受到希望；如果你发现这世界纷纷扰扰，世界就会和你想的一样；你认为全世界都对不起你，就会觉得所有人都亏欠你。

第五节

你是对的，不代表别人就是错的

人最可怕的敌人是“我才是对的”这种想法，所有的敌人都是由这个想法制造出来的。

人为什么总爱生气？因为人总认为“我才是对的”。人为什么总爱批评他人？因为人总相信“我才是对的”。人与人之间为什么难沟通？因为人们坚持己见，认定“只有我是对的”。

人们之所以争吵，原因也是如此。人若不是坚持自己是对的，又怎么会跟别人吵起来，对吗？

你对，不代表别人错。因为每个人站在自己的立场上思考事情，只选择自我主观认定的、相信的、感受的一切，怎么会觉得自己是错的？

每个人的成长背景、性格、观念、思维、习惯都存在一定的差异，从这个层面上理解，并没有所谓的谁对谁错，我们不可能要求别人与自己一样，也不能用自己的想法左右别人，甚至强迫别人接受自己认为对的事。太执着自己是对的，或许也是一种错误。

感情最大的问题并不是犯错，而是总觉得自己是对的

很多时候，人与人会沟通失败、分歧无法化解、关系陷入僵局，家庭争论不休、婚姻不欢而散，最大的问题并不是谁错了，而是总觉得自己是对的。争论是为了讲赢对方、证明自己的观点是对的，一旦意见相持不下，双方就很容易陷入谁对谁错的无限争论中，彼此的攻击性和防御性也越来越强，冲突也由此而生。

没有一个人喜欢当输家，你证明自己是对的，等于否定了对方的智慧和判断，打击对方的自信，伤害对方的自尊。无论你用什么方式指出别人的错误，都可能带来不利

的后果。

有句话说得对："如果你赢了一场争论，就输了一个朋友。"这句话还可以改成："如果你赢了一场争论，就输了一个结果。"只要回想一下上次自己与人争辩的情况，你就会很清楚自己是否获得了想要的结果。事后对方是更认同你、喜欢你、尊重你，还是正好相反？

不管是西瓜掉在刀子上，或是刀子掉在西瓜上，最终西瓜都会被切开。人与人争到最后，就是两败俱伤，对吗？

感情无对错，只有和不和。遗憾的是，很多人不懂得这个道理。

有研究者历经数十年的研究发现，大部分的婚姻问题是所谓的"无解问题"，源于两个人的根本差异，双方找不到能一劳永逸解决冲突的方法。这些无解问题再怎么讨论，双方也找不到共同点，那还不如将问题搁着，反而可以相安无事。

我们观察一下感情和谐的婚姻就会发现，通常两个人不会因为分歧产生困扰，相反地，夫妻看法不同很正常，甚至双方还会幽默相待。我们反观感情不和的婚姻，夫妻往往因为同一个问题吵了又吵，争执不下，彼此越来越疏远。

人别以为自己心中的那把尺子才是直的

所有的关系争执到最后，并不是哪一方要赢得争论，而是要改善彼此的关系。

我们必须把“我才是对的”这种先入为主的观念放到一边，才可能接纳别人的意见。“尽管我们见解不同，但是都要承认你的观点和我的观点一样重要”，我们把这句话牢牢记住，自然会理解、包容、尊重别人。

一位社会评论家因为常常在报上发表批评国人生活方式的文章，所以不断地收到读者们痛骂他的信件。

然而，这位社会评论家给予每一位读者的回信内容都一样，只有简单的一句话：“你说得也有道理。”他的智慧的确令人折服，多少潜藏的冲突在这句简短的回复下消弭于无形。

如同螃蟹横着走路，也许它以为自己的走路方式才是正确的。有时候，别人的行为看起来毫无道理可言，不过是因为他们与我们的观点不同，或是他们看到了我们没有看到的事物。人别以为自己心中的那把尺子才是直的。

什么是对的？什么是错的？能给我们带来和谐的就是对的，造成冲突的就是错的。

我们要把这个当成准则。

回想一下那些与我们有过争执的人，然后问自己：

“如果我不认为对方是错的，态度会有什么不同？”

“如果我不坚持自己是对的，结果会有什么不同？”

人不争对错，不代表没有是非，只是不生是非，是把关系看得比输赢重要。

我们争赢了，却输了感情，有什么意义呢？

第七章

你可以选择

你不必觉得今天是美好的一天，只要表现得像是就好了。

假装成自己所希望成为的那种人，就会逐渐变成那种人。

你多留意美好的事物，就会发现世界真的如此美好。

你让自己看起来开心，就会真的开心。

你带给四周美好的感觉，那份美好将在这个世界散播开来。

你永远不要低估每天重复再重复的那些行为，人的一生，就是这一个个习惯的总和。

PART 7

第一节

专注力——多留意美好事物、幸福时刻

师父说："你抬头看，看到了什么？"

徒弟说："天空。"

师父说："天空这么大，但我可以用一只手遮住整个天空。"于是师父用手掌遮住了弟子的双眼，说，"你还能看见天空吗？"

徒弟说："我看不到。"

师父说："生活中的问题就像这双手掌，虽然很小，但你若放不下，它总是被拉近放在你的眼前，放在你的心头，你将错过人生的太阳与蓝天。"

雨后放晴，鸟儿歌唱，一阵清风吹过，细碎的光斑从树叶间隙洒落，大地焕然一新的气息扑面而来，生命充满着美好。你忽然不小心踩到水坑，你的世界顿时只剩懊恼和满是泥泞的脏鞋。

到底什么能定义今天是倒霉的一天，还是美好的一天？

人生美好，是因为专注在生命中的美好

有一次，全家一起去旅游，孩子弄丢了喜爱的饰品，遍地找不到。于是我要他自己做个选择。“东西已经掉了。”我说，“你可以把这几天的假期全部用来难过，或者可以将这件事丢在脑后，然后和大家一起高高兴兴地度假。”

你“专注”在哪里，你的“生命”就在哪里。

试着回想一下：心情不好的时候，你是怎么忘掉那些不快乐的时光的？你是通过打游戏、看最喜欢的节目、和好友见面、出去走走、逛街看风景……来忘掉人生中不愉快的事的。你若想拥有美好的生活，要学会多留意美好的事物和幸福的时刻。

我曾经看过一个小故事：

一个刚上幼儿园的小朋友琪琪经常跟家人提到她最好的朋友莉莉，说莉莉很漂亮、会唱歌，而且很幽默。

后来，琪琪的妈妈去看莉莉的时候，发现莉莉是坐在轮椅上的……

回家的路上，妈妈问琪琪："为什么你从来没有提过莉莉坐轮椅的事情呢？"

琪琪天真地说："那不重要啊，我喜欢莉莉的歌声和她的开朗，这才是最重要的。"

我有位同事的丈夫工作十分忙碌，很少有时间陪她，对此她感到很难过。几乎每星期，她都会和朋友共进午餐，抱怨自己不快乐；每次抱怨完丈夫后，她反而觉得更加气恼。

有一天，她突然领悟到：她真正气恼的是丈夫的工作时间太长。不过，也正因为丈夫努力工作，她才有钱和时间跟朋友聚餐。

所以，每当她想到丈夫时，她的内心就会出现两种声音：一种声音是她觉得是丈夫的错让自己气恼；另一种声音是她觉得丈夫辛劳，自己对此感到满足和感恩。

更有意思的是，她想到丈夫的好，在两人相处时心怀感恩，因而他们的感情更加和谐愉快。

生活是美好的，即使人生充满着缺憾

你是否发现有些人或许没有你有钱，长相、学历、职位也不如你，却比你幸福美满，过得比你快乐，为什么？

因为他们选择“专注”于“美好”的事物上。建议大家每天临睡前，回想一下今天所发生的好事或者今天做的好事，把当时的开心、美好的感受写下来。想象一下，如果你开始这么做，你的生活将如何转变？

如果你每天去寻找美和善的人、事、物，结果会怎么样？如果你把重点放在别人值得赞赏的地方，而不是去批判他们的缺点，结果会怎么样？如果你把心思集中在生活中喜欢的事上，而不去想惹恼你的事，结果会怎么样？一旦你持续专注于生活中的美好，就会创造出更多的美好。

心情低落的时候，你试着深呼吸，把念头转到别处去，看看蓝天白云、美丽的远山、路边的野花……你会发现自己对于人生的美好感受，不应该因某人的错误、失去某样东西、踩到烂泥而化为乌有。

一位心理学家提醒大家：“你若想消除心中的不愉快，最有效的方法是把注意力放在愉快的事物上。”

你可以在纸上写出：“我喜欢……因为……”“我热衷……因为……”，然后在省略处填入某个人、某件事或某个想法以及喜欢和热衷的理由，不久你就会惊讶于这种方法带给你的改变。

试试看：你眉开眼笑时，就不可能愁眉不展；你张开双手时，就不可能紧握拳头；你望着蓝天时，就不可能看到污泥。多留意美好的事物，你就会发现世界真的如此美好，喜乐就这么产生了。

第二节

影响力——只要你愿意，就可以启动一个“善的循环”

每个人都具有影响力，无论你知不知道或者喜不喜欢。人只要与其他人产生互动，就会相互影响。如果你打哈欠，身边的人也会跟着打哈欠；如果你看到别人大笑，自己或许也会跟着笑；如果有人生气，那么会引起更多人生气。

某个小男孩儿心情不好，在路边遇到一条小狗，便狠狠地踢了过去，吓得小狗狼狈逃窜。小狗无端受了惊吓，见到老板走过来便“汪汪”狂吠。老板无故被狗这么一闹，心情很烦躁，在公司里逮住他的女秘书一点儿小小的过错就大发雷霆。女秘书回家后，越想越气，把怨气莫名其妙地撒在丈夫身上，两人吵了一架。

第二天，这位身为教师的丈夫如法炮制，把自己一个不长进的学生狠狠地批评了一顿。挨了骂的学生——前面的那个小男孩儿怀着恶劣的心情放了学，归途中又碰见了那条小狗，二话不说又一脚踢过去……

每个人会对周围的世界产生一种涟漪效应

一个人可以影响无数人，这些被影响的人又会进一步影响他们生活圈里的更多人，如同将一颗石头扔进池塘，水面泛起涟漪，接着向外扩散。

有两个单位对于民众满意度及内部和谐方面各自做了调查，结果呈现两极化：其中一个单位的民众满意度高，同事之间相处得很和谐；另一个单位不但常遭民众的投诉检举，而且同事间互揭伤疤的事也常常发生。

有人对这种现象很感兴趣，于是对这两个单位进行了解，结果发现：这两个单位追根究底都是受了各自内部一个人的影响。一个单位是因为主管性情暴躁，乱发脾气，长期下来，该单位的人都变得不容易相处；另一个单位有一名善解人意的同事，她不但待人和颜悦色，而且做事任劳任怨，长期熏陶下，同事之间就越来越和睦了。

你一定很奇怪，一个人哪儿来这么大的影响？是的，我们时时都在影响见到、听到和感受到我们的人。你和快乐的人在一起，也会变得快乐。一个人暴躁焦虑、抑郁沮丧，也会感染伴侣、儿女、朋友或同事，然后再感染给下一个人，如此循环下去，长期的影响力不容小觑。

每个人对周围的世界产生一种涟漪效应。有人顺手把刚喝完的水瓶丢在角落里，后面的人看了，心想反正已经有垃圾了，也将垃圾随手一丢，最后这个角落可能会变成一个垃圾堆。如果某个角落整洁干净，其他人就会受影响，不好意思把它弄脏。这就是为什么干净的地方总是干净，脏乱的地方则愈来愈脏乱。

我们常常忽略自己的惯性动作，比如说的某些话，做的某些事，会对周遭的人、事、物产生怎样的影响。

想一想，你是否曾为别人带来温暖或者欢笑？在你所处的家庭、学校、办公室中，这些地方因为你的存在而变得更美好吗？有人因你的存在而幸福吗？

只要你愿意，就可以启动一个“善的循环”。例如，你捡起路上的饮料罐，移除路中间的石头和枯枝，避免有人被绊倒或者摔倒。这些看似微不足道的事，很可能就会改变他人的命运。

进入房间，你就把欢笑带进去，多说些温暖与鼓励的话，给别人带来一种美好的感觉，那份美好将在这个世界里散播开来。

当被人谈起时，你希望自己被人想起什么？善良、真诚、正直、热情、勤奋、富有爱心……把这些美好的品德传递下去，即使有一天你不在了，但你掀起的涟漪永不消逝。

如果你想成为有正向影响力的人，想一想这句话："如果每一个人都像我一样，这个世界会变成什么样子？"

如果每个人都像我一样，这个家庭会变得如何？

如果每个人都像我一样，这个团队会变得如何？

如果每个人都像我一样，这个社会会变得如何？

我们要经常反躬自省：假使每一个人都像我一样没有公德心、态度冷漠、不守秩序、自私自利，那么我们的世界将会变成什么样子？

第三节

主动力——凡事都为自己的快乐而做

我们做每件事之所以感到快乐或者痛苦，享受或者有负担，关键就在心态。

如果你学过才艺就会了解，若是自己感兴趣想学习，学习就会充满乐趣；如果你不想学，会觉得自己是被逼的，觉得很委屈、苦闷。

如果你想游泳，就算游不好，在泳池里玩水你也能很快乐；如果你不想游泳，换泳装、水太凉或者还要吹头发……你都会觉得麻烦。你受邀聚餐，心情雀跃；若你不想参加，心情郁闷。

有些人做事无精打采、拖拖拉拉，心不甘、情不愿，都是因为“不得不”。因为已经报名，我不得不去上课；因为要赚钱，我不得不工作；因为有小孩儿、父母，我不得不照顾他们；因为肥胖，我不得不运动……人时常早上不想起床，觉得做事提不起劲，因为要面对“不得不”的事；人常常觉得无奈、倦怠，甚至处处抱怨，也是因为人生有太多的“不得不”。

你想做的事与不得不做的事，这两者的心理状态差异有多大

一个退休老人在乡间买下一座宅院，打算安养余年。最初，房子附近很安静，一周后，有 3 个孩子开始在附近踢垃圾桶。

这个老人受不了噪声，想出了一个办法。

如果这几个孩子每天过来踢垃圾桶，他就给他们 1 美元。

他们好兴奋，第二天又继续踢垃圾桶，他也真的付给每个孩子 1 元钱。

然后，他告诉这几个孩子，如果他们第二天继续踢垃圾桶，他只能付给每个人 5 角钱。

他们第二天还是来了，继续踢垃圾桶，老人也依照约定付给每个人 5 角钱。

在他们离开之前，老人告诉他们，明天他就只会付 1 角钱了。

“只为了区区 1 角钱，”他们说道，“根本不值得，我们不干了！”

想做的事变成不得不做的事，人们将不再如以往那样觉得事情很有趣。多数人面对工作感到不快乐的原因即在此。人们常认为工作压力大，其实，真正的原因是我们认为不得不做，所以觉得兴味索然、疲惫，工作就给我们带来了负担。

既然你决定要做某事，就该投入热情，否则宁可不做。有一件事大家务必牢记：能为你带来快乐的事，也会为周遭的人带来快乐；出于勉强而做的事，你迟早会觉得牺牲受罪，也会为周遭的人带来不愉快。

做每件事都要以真的很“想做”的心情去完成

如果有些事你不想做，却非做不可，该怎么办？

那么，你就试着把它变成想做的事。为什么许多人觉得到健身房举重是时尚的运动，可是到工地搬石头是个吃力的苦差事？差别就在于人们心态的转变。

你说：“我必须整理房间，如果不整理，会被责骂。”你会觉得厌烦。现在你转换心态：“我想让房间变得清爽洁净，焕然一新”或“我想收纳整理，减轻妈妈的负担”。结果是否有所不同？

你说：“我必须承担作为父母的责任”或“我必须去上班”。现在转换心态：“我想要当个好爸爸”或“我想学习新的知识技能”。你把心态转换成一种主动的意愿，做事就会有动力。

“被动是过日子，主动才是过人生”。享受乐趣的秘诀，就是我们对自己所做的事情注入热情，以真的很“想做”的心情去完成。凡事都为自己的快乐而做，而不是为了做而做，不是为了取悦他人、勉强自己而做。

从现在起，你把“我必须……”转换成“我想……”。

把“我必须参加……”改成“我想参加……”；

把“我必须帮忙……”改成“我想帮忙……”；

把“我必须完成……”，改成“我想完成……”。

想想看，你会做这件事，去学这些东西，跟这个人在一起，会选择这个工作，会去那个地方，会做这个决定……你是否还记得自己最初的念头？你是否还记得心底最初的感动？

你要做的就是把那份初心找回来。

第四节

改变力——想改善情绪，从改变行为开始

我们常以为，有什么样的感觉，就会有什么样的行为，其实，往往事先有什么样的行为，才会有什么样的感觉。

例如，心情低落时，人会低垂着头、双肩下垂、脚步沉重、脸上没有笑容，一副沮丧的样子。如果人变得无精打采，双肩下垂，拖曳步行，低头盯着地板，也真的会感到心情沮丧。如果坐直身子，面带笑容，走路抬头挺胸，人就会立刻换上全然不同的心情。

请你想一想：你是否有过沮丧、倦怠或意志消沉，没有动力做任何事，也不想见任何人的经历？因为你不得不

出现在某些地方，如学校、公司，或其他社交场合，所以你只能强迫自己打起精神，整装出发。到了目的地后，你开始假装，努力隐藏自己的心情，勉强挤出了笑容，用愉快的语气说话，与人互动。过了一阵子之后，你会怎么样呢？没错！你会发现自己变得正面积极，心情也随之好转。

自己“不走出来”，当然“走不出来”

你可以借由改变外在行为来改变你的内在感受。

找不到动力时，你先行动再说。行动让你完成必须要做的事，这也是让你改变心情的最快的方式。想走出低潮也一样，你不要再想如何改善情绪，从直接改变行为开始。

在日常生活中，我们都会面临不同的情绪阻碍，一旦陷入负面情绪，我们只会钻牛角尖，越想越烦。我们想等自己的情绪好一点儿再去做事，然而等待是如此漫长，持续的低落心情使情况恶化。

一个学生失恋后，过了很长时间仍然非常沮丧。好朋友劝他想开一点儿，他总说：“我也很想好起来，但实在没办法。”朋友约他出门散心，他都以“没有心情”为理由拒绝。他成天待在房间里，不是蒙头睡觉就是黯然落泪。

他为什么一直走不出来？因为他自己“不走出来”，当然“走不出来”。

我们处在沮丧的状态，与其一整天闷在家里什么也不做，不如清扫房间，给自己一个好心情。干净整洁的房间让我们神清气爽，成就感油然而生，心情也能焕然一新。

心情低落时，哪怕身体不想动，你也要强迫自己出去走走。逛街、散步、骑行，看看蓝天，享受阳光，拥抱自然，都能帮助你转换心情。

心里堆积着压力，负面情绪无处发泄，你可以绕着草坪跑几圈，和朋友打一场球赛，或者去跳舞，大汗淋漓之后，你的坏情绪也一扫而空。

假装成自己所希望的那种人，就会逐渐变成那种人

你想成为朝气蓬勃的人，就假装自己是一个充满士气的人，积极行动起来，行为会影响情感，你的内心也会充满活力。你先抬头挺胸，再进行深呼吸，把姿态转换成生龙活虎的状态。迈开步伐，想象自己是个自信的人，你也

变得更有自信。

你不必觉得今天是美好的一天，只要表现得自己正处于美好的一天就可以了。从现在起，你试试以正面的态度，让自己走路、说话、行动都充满热情，就能自然而然地进入倍感美好的状态。如果你做出快乐的样子，内心会渐渐变得快乐起来；让自己看起来开心，就会真的开心。

“良好的姿态反映正确的心态。”当你感到情绪低落、无精打采时，请你注意一下自己的姿态。想想看，如果你整天都维持这种姿态，对你的情绪会有什么影响？

你现在改变姿势，坐直身子，脸上挂着开心的笑容，全身放松，做出最欢愉的样子，仿佛这是你最高兴的时刻。你现在就试试看，感觉如何？如果你全神贯注在这些练习上，就会觉得自己的情绪有很大的转变。你会觉得放松很多，感到满足，而且心态变得积极正向。

第五节
习惯力——美好的结果，源自于重复

我从不定闹钟，每天清晨5点左右会自然醒来，喝完一杯水后，开始阅读和写作，日复一日，至少已经20年了。

知道我这个习惯的朋友都说我真有毅力，能坚持。我觉得这不是毅力的问题，因为毅力意味着克服困难，在痛苦中一直坚持下去。我只是习惯了。

人大部分行为是出于习惯。比如你早上睁开眼睛，就开始查看手机；坐在桌前，就自动打开社交软件；吃完晚饭，就窝在沙发上看电视……重复某种行为的次数越多，你就越会不假思索地进行。这也是人们要戒掉坏习惯，培养好习惯的原因。人一旦养成好习惯，执行这个习惯就变成了一件自然而然的事。

坏习惯的可怕之处在于它们给予我们短暂的快感和舒适感，很容易让我们上瘾，例如爱喝含糖饮料、拖延偷懒、乱花钱、沉迷网络、熬夜追剧打游戏、抽烟酗酒……当下做这些事时，我们并不会立即受到伤害，然而一旦养成恶习，后患无穷。

用好习惯代替坏习惯，会让改变更加容易

“习惯不是最好的仆人，便是最坏的主人。”我们如何培养好习惯，戒掉坏习惯？问自己两个问题：“我希望孩子跟我养成一样的习惯吗？”“保持这些习惯，5 年、10 年后，会给自己带来什么影响？”这可以让我们有更强的动机和决心去养成好习惯，改掉坏习惯。

如果我们没办法一下子改掉坏习惯，那么找其他习惯替代它。比如，我们想改变看电视时吃零食、喝饮料的习惯，可以把不健康的食物换成纯净水、高纤维饼干或水果

干等相对健康的食物。

若我们想要养成读书的好习惯，试着将零食换成书籍。当你想吃零食的时候，你改成拿起这些书读几页，然后不断地重复这个过程。渐渐地，你不但会改掉吃零食的坏习惯，同时养成了看书的好习惯。

我们要注意的是，改变习惯不能操之过急。研究表明：人一次只培养一个习惯，成功率最高；从简单容易的习惯入手，效果最好。以运动为例，如果我们绕操场跑 5 圈就觉得累，可以调整成跑 2 圈或从慢走开始，避免一开始就遭遇保持不下去的窘境。如果我们每天做不到深蹲 5 次，可以改成 1 次，等到可以保持之后，再逐渐增加强度。

比起以“3 分钟热度”的心态去做事，循序渐进更容易鼓舞自己持之以恒。当你慢慢看见成果，看见自己有所进步，你内心会获得极大的成就感和满足感，以后不用催促也能自动自发。

人生，就是一个个习惯的总和

人与人之间的差距看似很大，其实拉开差距的往往是日复一日微小的积累。

你赖床看手机，他早起锻炼身体，所以他比你精神状态好，做事效率更高。

你爱吃油炸食品、不爱运动，他能管住嘴、迈开腿，所以他比你健康。

你看综艺、聊八卦，他能沉下心学习，所以他比你掌握的知识、技能多。

你安于现状、不思进取，他不断精进、勇于挑战自己，所以他比你有竞争力。

你入不敷出、胡乱花钱，他掌握收支、投资理财，所以他比你早实现财富自由。

你敷衍、半途而废，他尽责、坚持到底，所以他比你事业有成。

古希腊哲学家亚里士多德曾经说过："我们的重复行为造就了我们，所以卓越不是一种行为，而是一种习惯。"我们研究各行各业卓越者的成长历程会发现：没有奇迹，只有累积。

永远不要低估每天重复再重复的行为的力量，它会决定你未来的样子。人生，就是这一个个习惯的总和。好习惯，可以成就一个人；坏习惯，能毁掉人的一生。

为什么人很难改变习惯？因为自律很难。我们想养成自律习惯有3个步骤：

第一步，写下目标，想象我们实现后的状态。这让人更有动力，达成率更高。

第二步，保持良好的身心状态。身体不好或是精神不济会影响我们的行动力，进而影响完成目标的进度。自律的人都有好的生活习惯、健康的身体和饮食，只有身体、精神状态良好，我们才更有执行力。

第三步，持续、重复地去做事。习惯不是“一次行动”，是“一再重复”。只要不断重复，这个行为模式就会越来越轻松，变成我们的惯性。我们重复的次数越多，行为就越自动化，最终养成习惯。